食品雕刻项目化制作技术

主 编　林芳茂

副主编　何凤萍　甘文健

观荷听雨更唤清香
六月夏凉

U0396922

广西科学技术出版社

·南宁·

图书在版编目（CIP）数据

食品雕刻项目化制作技术 / 林芳茂主编 . —南宁：
广西科学技术出版社，2023.12（2024.12 重印）
　　ISBN 978-7-5551-2109-1

　　Ⅰ . ①食… Ⅱ . ①林… Ⅲ . ①食品雕刻 Ⅳ .
① TS972.114

中国国家版本馆 CIP 数据核字（2023）第 236306 号

食品雕刻项目化制作技术

林芳茂　　主编

责任编辑：张　珂　盘美辰　　　　　　封面设计：梁　良
责任印制：韦文印　　　　　　　　　　责任校对：吴书丽

出 版 人：梁　志
出版发行：广西科学技术出版社　　　　社　　　址：广西南宁市东葛路 66 号
邮政编码：530023　　　　　　　　　　网　　　址：http://www.gxkjs.com

经　　销：全国各地新华书店
印　　刷：广西民族印刷包装集团有限公司
开　　本：787 mm × 1092 mm　　1/16
字　　数：239 千字　　　　　　　　　印　　张：13
版　　次：2023 年 12 月第 1 版　　　　印　　次：2024 年 12 月第 2 次印刷
书　　号：ISBN 978-7-5551-2109-1
定　　价：48.00 元

编 委 会

导　言

亲爱的同学，你好！欢迎你学习"食品雕刻项目化制作技术"课程！

与过去使用的传统教材相比，这是一种全新的学习材料。它能够帮助你更好地了解未来的工作及要求。通过这本活页教材，学习食品雕刻，以此来完成酒店菜品盘饰和主题展台这一重要工作，以促进综合能力发展，使你有可能在短时间内成为一名食品雕刻领域的技术能手！

2019 年，国务院印发的《国家职业教育改革实施方案》中明确指出职业教育改革应深化教师、教材、教法"三教"改革。2020 年 9 月，教育部等九部门印发《职业教育提质培优行动计划（2020—2023 年）》，强调加强职业教育教材建设，教材要对接主流生产技术，注重吸收行业发展的新知识、新技术、新工艺、新方法。教育要为社会经济发展服务，教材建设更要紧随时代行业发展。近年来，餐饮业迅猛发展，消费者需求不断提高，烹饪技术不断创新，中西餐饮文化深度融合等，都在推动烹饪从原料、方式到摆盘装饰的不断革新。对烹饪专业必修的专业课程"食品雕刻"来说，一本适用于职业院校烹饪专业人才培养需求、紧跟行业发展趋势的专业教材尤为重要。本教材通过对餐饮业厨师岗位工作流程和岗位工作能力进行分析确定编写框架；教材内容对接职业标准、融合课程思政；以项目教学、案例教学、工作过程导向教学为教学模式；由餐饮行业实践经验丰富的行政总厨、餐饮经理等专业管理技术教师参与编写指导；结合高职专业院校教学特点编写本教材。

在正式开始学习之前，请仔细阅读以下内容，了解即将开始的全新教学模式，做好相应的学习准备。

1. 主动学习

在学习过程中，你将获得与以往完全不同的学习体验。你会发现本课程与传统课堂讲授为主的教学有着本质的区别——你是学习的主体，自主学习是本课程的主旋律。在实践过程中获得的知识最为牢固，老师只能给你方法上的指导，为你的学习和工作提供帮助。在本课程学习中，老师将展示菜品盘饰的案例图片，教授如何选择原料和刀法，如何制作配饰来搭配出精美的盘饰。但在学习中，以上都是外因，你的主动学习才是内因。你想成为优秀的食品雕刻师，就必须积极主动学习，亲自完成从资料收集、盘饰方案设计、主题雕刻到器皿配饰选择等全过程，通过完成工作任务来获得技能。主动学习将伴随你的职业生涯和个人成长，它可以使你快速适应未来工作岗位的需求和变化。

2. 用好工作活页

首先，你要理解学习情境的每一个学习目标，利用这些目标来指导自己的学习并评价学习效果；其次，你可以在老师和同学的帮助下，通过查阅工作活页、参考教材、网络资料等方式学习重要的工作过程知识；再次，应当积极参与小组讨论，去尝试解决复杂和综合性的问题，进行工作质量的自评和小组互评，注意操作规范和要求，在工作实践中形成自己的技术思维方式；最后，在完成每一个工作任务后，反思是否有更好的方法或者可以更少的时间来完成工作目标。

3. 团队协作

课程的每个学习情境都是一个完整的工作过程，大部分的工作需要团队协作完成，老师会帮助大家划分学习小组，要求各小组成员在组长的带领下，制订可行的学习和工作计划，分工协作、互相帮助、互相学习，广泛开展交流，大胆发表观点和见解，按时保质地完成任务。你是小组的一员，你的参与和努力是团队完成任务的重要保证。

4. 把握好学习过程和学习资源

学习是由准备、计划与实施和评价反馈组成的完整过程。你要养成理论与实践紧密结合的习惯，教师引导、同学交流、学习中的观察与独立思考、动手操作和评价反思都是专业技术学习的重要环节。你可以通过图书馆、互联网，学习平台上的微课、虚拟展馆等多种途径获得专业技术信息，这将为你的学习提供更多的帮助，拓宽你的学习视野。

同学们，你在职业院校的核心任务是在学习中学会工作，要通过在工作中学会学习来完成。同时，也希望你把学习感受反馈给我们，以便我们更好地提供教学服务。

预祝你学习取得成功，早日成为食品雕刻的技术能手，成为未来的大国工匠！

目录

认识食品雕刻

项目导读

　　食品雕刻工艺是指食品造型美化工艺，是一门运用特殊的刀具、刀法，将具有一定可塑性的固体烹饪原料雕刻成花草、鸟兽、鱼虫、人物、山水、建筑等具体形象的雕刻技艺。

　　众所周知，我国的烹饪之所以能享誉世界，不仅是菜肴具有"色香味"的诱人直观美，而且妙在具有"形器饰"的艺术感染美，厨师匠心独运地将二者有机结合，造就了"食趣倍增"、既能饱口福又能饱眼福的美食工艺品。美食之所以成为工艺品，很大程度归功于艺术造型。为美化菜肴作恰当的艺术装饰，一是可以美化菜肴形态，增加菜肴色彩，提高菜肴的精致度，达到增进食欲的效果；二是可以提升宴席的水平，让就餐者感受到优雅的氛围。

　　习近平在中国共产党第二十次全国代表大会上的报告指出，"要加快建设国家战略人才力量，努力培养造就更多大师、战略科学家、一流科技领军人才和创新团队、青年科技人才、卓越工程师、大国工匠、高技能人才"，学好食品雕刻技术，努力成为未来的大国工匠，为祖国的建设发展贡献一份力量。

项目目标

知识目标	通过教学，了解食品雕刻的历史和特点。
能力目标	熟悉食品雕刻刀具的应用。掌握食品雕刻的技术。
思政目标	通过了解中国的食品雕刻发展史，激发爱国主义情感。

任务 1.1 了解食品雕刻

一、任务发布

学习食品雕刻的概念特点、工艺流程，食品雕刻的应用及其保存方法。

二、任务分析

【关键知识点】

掌握食品雕刻的概念特点；掌握食品雕刻的工艺流程。

【关键技能点】

（1）掌握食品雕刻的工艺流程技巧。

（2）掌握食品雕刻的应用及其保存方法。

三、任务实施

（一）课前导学

了解本学习任务，需要先通过教材阅读、网络搜索、图书借阅等方式深入了解食品雕刻的知识。

（二）课中学习

1. 食品雕刻的概念、性质和种类

食品雕刻既具技术性，又具艺术性，由玉石雕、木雕、泥塑等雕刻技法演变而来，同样需要艺术灵感来设计制作。根据应用的场合、主题，灵活选用材料、器皿、刀具、刀法。因使用的材料以新鲜瓜果蔬菜为主，需要在较短的时间内完成制作，且食品雕刻是摆设在菜肴旁或餐桌上，必须严格操作，避免交叉感染，确保卫生健康。

食品雕刻种类多样，有果蔬雕、糖艺、面塑、冰雕、豆腐雕、黄油雕、琼脂雕、巧克力雕等，品种的多样化造就了多种雕刻工具及雕刻技法。

2. 食品雕刻的特点

①材料选用较为广泛、造型多变。

②食品雕刻又被称为"瞬间的艺术"，作品易碎，展示时间短。

③食品雕刻成品有两种类型：一种是具有可食性和观赏性，可激发食欲；另一种是专供观赏而不可食用的大型成品，主要用于装饰宴会台面和美化餐厅环境，活跃宴会

气氛。

3. 食品雕刻的工艺流程

食品雕刻的操作有一定的工艺流程，不能先后更替，造成不必要的返工，影响作品质量。主要的工艺流程：命题——构思设计——选料——制作——修饰。

4. 食品雕刻的形式

食品雕刻的内容广泛，品种多样，所采用的雕刻形式也有所不同，常见的主要有整雕、零雕组装、浮雕、镂空、模具扣压等。

5. 食品雕刻的运用与保管

【食品雕刻的运用】

食品雕刻可分为大、中、小3种规格形态：小型雕刻作品主要用于装饰、美化菜肴；中型雕刻作品主要用于宴席台面的装饰以突出主题、渲染环境、提升档次；大型雕刻作品主要用于美食节、高档酒会、自助餐等场合的摆放展示，令人赏心悦目，给人以高雅、优美的精神享受。食品雕刻的运用方法灵活多变，不拘一格，可以根据活动、宴会、酒会及菜肴或食材内容和具体要求进行设计制作。

【作品的保管存放】

食品雕刻中的果蔬雕作品的保管存放较为困难，不同规格的作品的保存方法不同。

①大型雕刻作品：勤喷水以防止作品干枯萎缩，展出期间需要避免油污、蚊虫，防止腐败。

②中型雕刻作品：喷淋水后用保鲜膜将作品包好，放到 2～5℃保鲜冷柜里，可保存 2～3 天。

③小型雕刻作品：用 0.1% 明矾水完全浸没密封，放到 2～5℃保鲜冷柜里，其间需要每 2 天更换相同比例的明矾水，可保存 7～15 天。

6. 食品雕刻与美学知识

食品雕刻是一种将烹饪原料雕刻成精致的花草、鸟兽、鱼虫、人物、山水、建筑等各种图案与形态，用来美化菜肴、装点宴席的技艺。

食品雕刻属于造型艺术的范畴，与绘画有相通的地方，若有较好的绘画基础，则能直接提升食品雕刻的整体空间性和细节形象性。同时，色彩的搭配也很重要。食品雕刻所用的材料是五颜六色的水果、蔬菜等，将这些食材进行合理的色彩搭配，创造出具有视觉冲击力的作品，也是成功的食品雕刻不可或缺的重要因素之一。但是如果同学们没有绘画基础，也不用气馁，只要抱有一颗热爱食品雕刻的心，能坚持不懈地学习操作，也可以学有所成。

四、任务评价

按照评价指标及分值，采取学生自评、小组互评、教师评价等形式，总结和反思食品雕刻项目任务完成情况。

项目完成情况评分标准

评价项目		评价标准	得分
工作过程	工作态度	态度端正、工作认真、主动学习、穿戴整洁规范	
	职业素质	了解食品卫生规范要求，注重原料节约，与小组成员之间能合作交流，共同提高效率	
	工作质量	能熟知食品雕刻工艺流程和保存方法	
	创新意识	能了解传统食品雕刻文化寓意，接受新式食品雕刻技法的学习	
项目成果	工作效率	能按时完成学习任务	
	成果展示	能准确表达、汇报工作结果	
最终平均得分			

拓展思考

中国传统的玉石雕、木雕等雕刻技法如何运用到食品雕刻上？

任务 1.2　食品雕刻的原料与工具

一、任务发布

了解食品雕刻的原料选择，掌握各种刀具的使用方法。

二、任务分析

【关键知识点】

食品雕刻选取原料原则是"因造型取材""因形取材""因色取材"。

【关键技能点】

（1）熟悉食品雕刻刀具的种类和性能。

（2）掌握食品雕刻刀法的正确运用。

（3）掌握食品雕刻原料的选择。

（4）掌握食品雕刻时的下刀角度和力度。

三、任务实施

（一）课前导学

了解本学习任务，需要掌握食品雕刻的原料选择与工具运用，通过教材阅读、网络搜索、图书借阅等方式深入了解相关知识。

（二）课中学习

1. 食品雕刻的原料选择

可用于食品雕刻的原料选择很多，只要具有一定的可塑性、色泽鲜艳、质地细密、坚实，新鲜各类瓜果及蔬菜均可。另外，还有很多直接食用的可塑性食品，都可以作为食品雕刻的原料。

常用的食品雕刻原料有以下几类。

（1）水果类：菠萝、柠檬、橙、苹果、梨、樱桃、葡萄等。

（2）蔬菜类：南瓜、西瓜、冬瓜、白萝卜、胡萝卜、心里美萝卜、红萝卜、莴笋、土豆、红薯、芋头、青椒、红椒、洋葱、小葱、大葱、生姜、大白菜、西芹、蒜薹等。

（3）肉蛋熟食类：红肠、方腿、鸡蛋、鸭蛋、鸽子蛋、鹌鹑蛋、蛋白糕、蛋黄糕等。

（4）其他类：黄油、冰、琼脂冻、豆腐、巧克力、糖。

2. 食品雕刻原料的选材、取材原则

食品雕刻原料的选材要随季节的变化"因时制宜"灵活选择，必要时可变换或代用。取材原则是"因造型取材""因形取材""因色取材"。

（三）食品雕刻的工具

食品雕刻使用的工具品种较多，目前还没有统一的规格和标准。操作者需要根据自己的要求、观点去选用或自制工具。下面以常见的工具为例，介绍其品种及用法。

1. 平口主刀

平口主刀是最重要的雕刻刀具，以刃长6～7厘米、宽0.5～1厘米最为适宜，可单独使用完成一件雕刻作品，也可配合其他刀具一起使用，俗称"万能刀"。

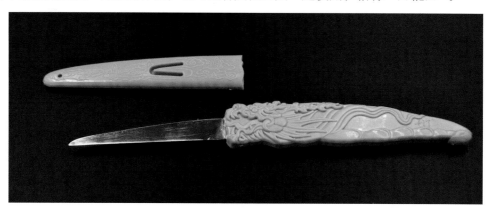

2. 三角口戳刀（V形刀）

三角口戳刀的型号较多，可用来雕刻鸟类羽毛、线条、瓜盅纹路等。

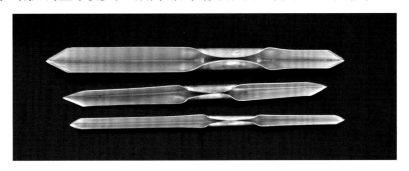

3. 圆口戳刀（U形刀）

圆口戳刀的型号较多，可用来雕刻鱼鳞，动物肌肉纹理，鸟类羽毛，各种圆形、弧形部位等。

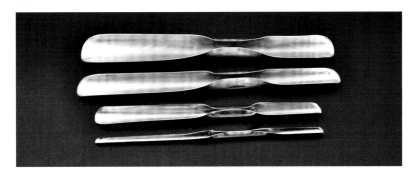

4. 拉刻刀

拉刻刀是在传统V形刀、U形刀的基础上改良的新型刀具，使用其能处理其他刀具无法达到的死角，可拉线、可刻形，雕刻速度快，形状多样，用途广泛，尤其适用于雕刻花卉、羽毛、动物肌肉、人物面部等。

5. 大切刀

大切刀刃长 20～25 厘米，适用于粗加工切割，可将大块材料切割、切平接口。

6. 其他

除了刀具，还必须备有毛巾、磨刀石、水溶性铅笔、削皮刀、砂纸、502 胶水、竹签、牙签、镊子、喷水壶等工具。

（四）食品雕刻的执刀手法、刀法

1. 食品雕刻的执刀手法

食品雕刻的执刀手法是指掌握刀具的方法，也就是手握刀具的姿势规范。雕刻每一个造型时，雕刻不同的部位与形状，需要使用不同的刀具，不同刀具的使用方法、姿势也要相应变化，才能运刀自如、得心应手。

（1）执笔式（两指控刀、三指控刀）

（2）握刀式

（3）戳刀式

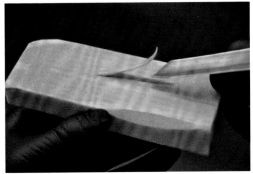

（4）拉刻式

2. 食品雕刻的刀法

食品雕刻的刀法，即刀具的使用方法，也就是刀具切削运动的形式。它随雕刻加工件的部位形状而定。具体的刀法有如下 7 种：

（1）切　　（2）削　　（3）刻　　（4）旋　　（5）戳　　（6）挖　　（7）刮

引导问题

1. 食品雕刻的原材料有哪些？
2. 食品雕刻原料的取材原则是什么？

四、任务评价

按照评价指标及分值，采取学生自评、小组互评、教师评价等形式，总结反思工作任务完成情况。

项目完成情况评分标准

评价项目		评价标准	得分
工作过程	工作态度	态度端正、工作认真、主动学习，穿戴整洁规范	
	职业素质	能按照食品卫生规范要求开展任务，注重安全卫生与原料节约，与小组成员之间能合作交流，共同提高效率	
	工作质量	能巧妙选用适合用于各种雕刻作品的原料，能准确掌握雕刻刀具性能，熟知各种刀法操作	
	创新意识	能了解传统食品雕刻刀具和新式拉刻刀的优劣势，接受新式雕刻技法的学习	

续表

评价项目		评价标准	得分
项目成果	工作效率	能按时完成学习任务	
	成果展示	能准确表达、汇报工作结果	
最终平均得分			

拓展思考

　　思考各种食品雕刻刀具分别能够完成哪些雕刻造型细节。

基础刀工练习

项目导读

"功多易熟，熟能生巧"，食品雕刻的执刀手法是指掌握刀具的方法，也就是手握刀具的姿势规范。雕刻每一个造型时，总要变化不同部位与形状，需要变换不同的刀具，手握不同刀具的方法、姿势也要相应变化，才能运刀自如、得心应手。

通过此项目学习各种食品雕刻刀法的运用，能很好地掌握基础刀工的应用，为接下来的学习项目打下坚固的基石。

项 目 目 标

知识目标
1. 了解食品雕刻刀具的使用方法和基本知识。
2. 熟知各种原料的质地和下刀力度。

能力目标
1. 掌握主刀握刀式和执笔式的雕刻技巧。
2. 掌握拉刻刀、戳刀的使用方法和技巧。

思政目标
1. 将食品雕刻基本刀法与传统雕刻技艺融会贯通。
2. 通过勤学苦练刀工技艺，培养精益求精的工匠精神。

任务 2.1　圆球雕刻技法

一、任务发布

运用握刀式和执笔式的雕刻技巧，以直刀法、旋刀法雕刻球体，并进一步深加工成苹果、橘子、樱桃等象形水果（如下图），设计并制作圆球主题盘饰方案，完成该任务。

二、任务分析

【关键知识点】

了解主刀的使用方法和基本知识。

【关键技能点】

（1）掌握握刀式和执笔式的雕刻技巧。

（2）能灵活交替使用握刀式和执笔式雕刻技巧。

（3）掌握食品雕刻时的下刀角度和力度。

三、任务实施

（一）课前导学

了解本学习任务，需要掌握圆球形主题盘饰的素材和原则，请先通过教材阅读、网络搜索、图书借阅等方式收集圆球形盘饰相关案例和图片。

观看学习平台的雕刻视频，提前预习握刀方式及雕刻方法，计划采购实操原料及准备实操刀具。

> **引导问题**
>
> 1. 圆球形盘饰一般包括哪些元素？
> 2. 常见的圆球形盘饰雕刻练习的原材料有哪些？

（二）课中学习

【课堂准备】

着厨师装、检查操作台面卫生。

【原料准备】

胡萝卜、巧克力果酱、新鲜花草（装饰）。

【工具准备】

圆碟、主刀。

1. 雕刻步骤

①取一段长 5 厘米的胡萝卜，用主刀握刀式从上端开始下刀均匀旋出圆形大致轮廓。

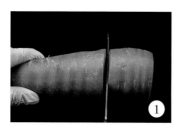

②再用直刀法执笔式修整细节。

③圆球盘饰组合制作。

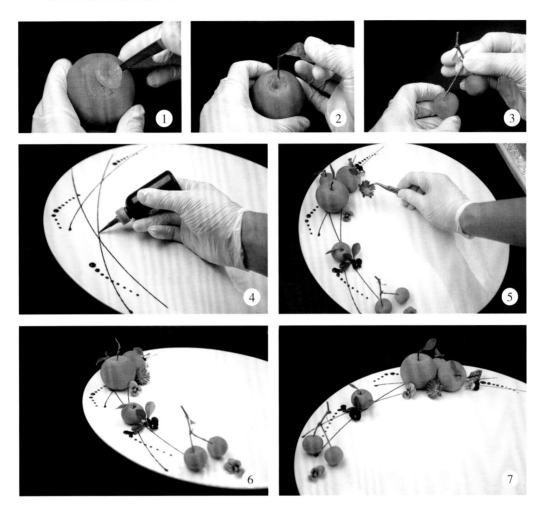

2. 创新组合运用

运用所雕刻的元素，搭配不同的花草装饰和果酱画，尝试拼摆出不同的造型。

四、任务评价

按照评价指标及分值，采取学生自评、小组互评、教师评价等形式，总结反思工作任务完成情况。

雕刻项目完成情况评分标准

评价项目		评价标准	得分
工作过程	工作态度	态度端正、工作认真、主动学习，穿戴整洁规范	
	职业素质	能按照食品卫生规范要求开展任务，注重安全卫生与原料节约，与小组成员之间能合作交流，共同提高效率	
	工作质量	能准确掌握圆球雕刻技法，雕刻无明显刀痕、表面光亮饱满圆润	
	创新意识	能了解圆球文化意蕴，并设计拼摆有创意的象形水果主题盘饰	
项目成果	工作效率	能按时完成学习任务	
	成果展示	能准确表达、汇报工作结果	
最终平均得分			

拓展思考

1. 思考除了雕刻圆形、椭圆形、葫芦形，还可以雕刻哪些形状。
2. 还有哪些技巧和手段能提升食品雕刻刀工？

任务 2.2　玲珑球雕刻技法

一、任务发布

运用握刀式和执笔式的雕刻技巧，镂空雕法雕刻玲珑球体，并进一步深加工成下图造型，设计并制作玲珑球主题盘饰方案，完成该任务。

二、任务分析

【关键知识点】

（1）了解传统镂空雕刻技艺。

（2）了解玲珑球的雕刻方法和基本知识。

【关键技能点】

（1）掌握镂空雕刻技法。

（2）掌握镂空雕刻时的下刀角度和力度。

三、任务实施

玲珑球小知识

食品雕刻玲珑球采用的是传统镂空雕刻技艺，与玉雕、牙雕相比，只是入门级别。牙雕套球又称"同心球""鬼工球"，取鬼斧神工的意思，制作相当繁复，工艺要求极高。骨分内外五层，皆被打磨成球状。每球周身百孔，最里一只球为实心，颜色丹碧粲然，其外四球则洁白无缝。以金簪自孔中依次拨之，则内中四球旋转活动，日夜不歇，可谓精巧绝伦。

清代，因商贸的需求，民间艺人仿石雕，创造了镂空雕花、专门用作观赏的象牙球。这种象牙球交错重叠，玲珑精致，表面刻镂着各式浮雕花纹。球体从外到里，由大小数层空心球连续套成，从外观看只是一个球体，但层内有层。其中的每个球均能自由转动，且具同一圆心。

到清乾隆时期，镂空雕刻有了更大发展。起初广州牙雕艺人借鉴石狮口中含珠的镂雕形式，经过细心的设计与钻研，并加以大胆的想象和巧妙的手艺，用象牙材料创作了球内套球的新花色。乾隆时套球玲珑剔透，巧夺天工。象牙球从开始的 1 层，发展到清乾隆时期的 14 层，再到清末的 25 或 28 层，最多能雕刻至 60 层，是我国象牙雕刻中的一种特殊技艺。

（一）课前导学

了解本学习任务，需要掌握玲珑球形主题盘饰的素材和原则，请先通过教材阅读、网络搜索、图书借阅等方式收集玲珑球形盘饰的相关案例和图片。

观看学习平台食品雕刻视频，提前预习握刀方式及雕刻方法，计划采购实操原料及准备实操刀具。

> **引导问题**
>
> 1. 玲珑球形盘饰一般包括哪些元素？
> 2. 常见的玲珑球雕刻原料有哪些？

（二）课中学习

【课堂准备】

着厨师装，检查操作台面卫生。

【原料准备】

胡萝卜、小青柠、巧克力果酱、新鲜花草（装饰）。

【工具准备】

砧板、毛巾、构图笔、圆碟、主刀。

1. 雕刻步骤

①取一段长 5 厘米的胡萝卜，用主刀切出正方体大致轮廓。

②用构图笔确定四条边的中心点，用笔画出各个中心点的连接线。

③用主刀沿着连接线切除 8 个角，形成一个 14 面体。

④用主刀从任意一个正方面直刀 2 毫米深度刻画出一个正方框，然后斜刀 45° 去除废料。

⑤在刻好的正方框旁边的三角面下刀 2 毫米深度刻画三角边框，从正方框边处平刀深入三角面去除废料。

⑥依次去除 14 个面的废料后斜刀深入球体外框切掉连接点，使中心圆球与外框分离。

⑦一边转动中心圆球，一边修饰圆球，直至球体圆润。

⑧用直刀法执笔式修整外框细节。

⑨作品组合成盘饰。

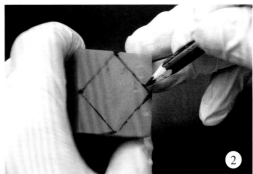

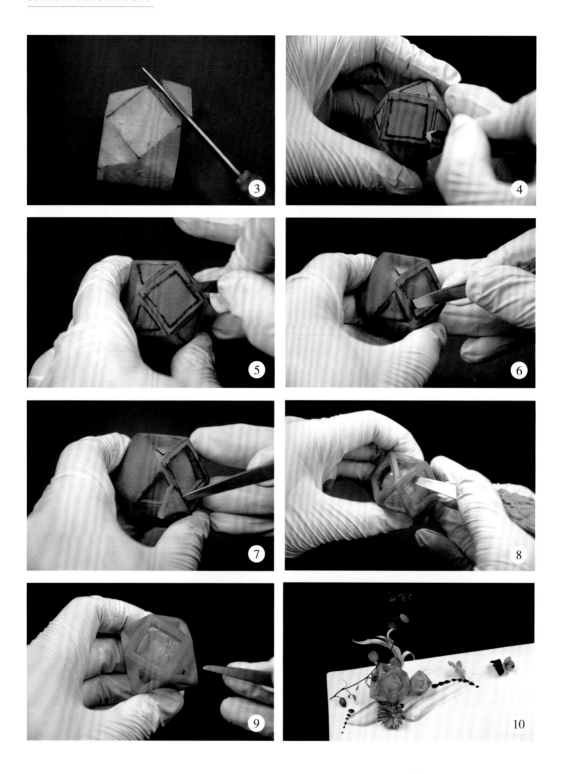

2. 创新组合运用

运用所雕刻的元素,搭配不同的装饰花草或果酱,尝试拼摆出不同的玲珑球形盘饰造型。

四、任务评价

按照评价指标及分值,采取学生自评、小组互评、教师评价等形式,总结和反思工作任务完成情况。

雕刻项目完成情况评分标准

评价项目		评价标准	得分
工作过程	工作态度	态度端正、工作认真、主动学习,穿戴整洁规范	
	职业素质	能按照食品卫生规范要求开展任务,注重安全卫生与原料节约,与小组成员之间能合作交流,共同提高效率	
	工作质量	能准确掌握玲珑球雕刻技法,雕刻无明显刀痕、表面光亮、棱角分明,内圆球滚动顺畅不掉出来	
	创新意识	能了解玲珑球文化底蕴,并设计拼摆有创意的玲珑球主题盘饰	
项目成果	工作效率	能按时完成学习任务	
	成果展示	能准确表达、汇报工作结果	
最终平均得分			

拓展思考

1. 根据所学习的镂空雕刻技法,思考并尝试雕刻两层以上的玲珑球。

2. 还有哪些技巧和手段能提升食品雕刻刀工?

花卉类雕刻

项目导读

　　花卉类雕刻作品是酒店菜肴使用最多的装饰，适用于大部分菜肴的装饰点缀。此项目通过五种雕刻花卉的教学能很好地学习各种花卉组合雕和整雕的雕刻技法。原料的选择、颜色的搭配、刀工手法的妙用均能激发出各种不同菜肴的装饰效果，同学们应充分发挥想象力和创造力。

　　雕刻花卉可单独作为菜肴装饰点缀使用，也可多样化组合成大型的展台作品，如任务 3.8 花篮主题食品雕刻就是把所学的各种雕刻花卉组合在花篮里，使其成为宴席桌面看台的"迎宾花篮"，也可以运用后期学习的禽鸟类雕刻装饰丰富作品。

　　在雕刻花卉中能很好地学习直刀法、旋刀法、戳刀法、拉刻刀法，对刀法练习起到巩固的作用。

项 目 目 标

知识目标

1. 了解花卉的知识，懂得识别各种花卉的品种、造型、颜色、产地及对应季节等。
2. 了解使用各种刀具雕刻不同花卉造型的方法。

能力目标

1. 熟练掌握直刀法、旋刀法、戳刀法、拉刻刀法雕刻各种花卉。
2. 能够具备运用雕刻的花卉装饰点缀菜肴的能力。

素质目标

1. 学习食品雕刻花卉，需要了解和欣赏雕刻花卉的美感和艺术价值，通过观察、分析和实践，提高审美能力和艺术素养。
2. 通过勤学苦练食品雕刻刀工技艺，培养精益求精的工匠精神。

任务 3.1　梅花主题食品雕刻

一、工作任务发布

某酒店需要为以下这道菜——"踏雪寻梅"（如下图）设计并制作梅花主题盘饰，请你帮助酒店食品雕刻师完成该任务。

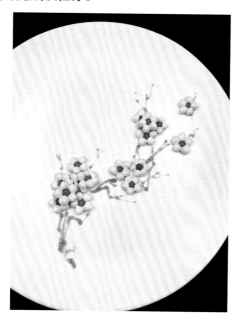

二、工作任务分析

梅花小知识

梅，蔷薇科李属植物。高 4～10 米；树皮浅灰色或带绿色，平滑；小枝绿色，光滑无毛。叶片卵形或椭圆形，叶边常具小锐锯齿，灰绿色。花单生或有时 2 朵同生于 1 芽内，直径 2～2.5 厘米，香味浓，先于叶开放；花萼通常红褐色，但有些品种的花萼为绿色或绿紫色；花瓣倒卵形，白色至粉红色。果实近球形，直径 2～3 厘米，黄色或绿白色，被柔毛，味酸；核椭圆形，两侧微扁。花期冬春季，果期 5～6 月。

续表

梅花小知识
梅原产地是中国中南部至印度北部，主要生长在温带。在中国已有 3000 多年的栽培历史。梅花是中国十大名花之首，与兰、竹、菊一起列为"四君子"，与松、竹并称为"岁寒三友"。在中国传统文化中，梅代表高洁、坚强、谦虚。梅开在百花之先，独天下而春，给人以立志奋发的激励。梅花色白雅洁，在冬末春初开花，枝干苍劲，可作为盆景、庭木，尤富观赏价值。

【关键知识点】

（1）梅花的文化寓意和结构。

（2）盘饰、菜肴、器皿协调搭配的原则。

【关键技能点】

（1）设计颜色协调、大小适中、配饰合理、主题突出的梅花主题盘饰方案，以提升菜肴美感和宴席的档次。

（2）根据设计方案，选择合适的原料。

（3）通过项目学习，掌握拉线刀、O形刀的外形特点、握刀姿势和运刀手法，能较熟练地使用这些刀具。

（4）掌握拉刻刀法的基本技法，能雕刻梅花花瓣、花蕊等元素，并组合成一朵完整的梅花。

（5）运用花枝、瓶罐等辅助材料，进行合理组装，形成主题突出的精美盘饰。

三、工作任务实施

（一）课前导学

了解本学习任务，需要掌握梅花主题盘饰的素材和原则，请先通过教材阅读、网络搜索、图书借阅等方式收集梅花盘饰的相关案例和图片。

观看学习平台的食品雕刻视频，提前预习握刀方式及雕刻方法，计划采购实操原料及准备实操刀具。

引导问题

1. 梅花盘饰一般包括哪些元素？

2. 常见的用于梅花雕刻的原料有哪些？

（二）课中学习

【课堂准备】

着厨师装，检查操作台面卫生。

【原料准备】

胡萝卜、南瓜、黄小米、干树枝。

【工具准备】

砧板、毛巾、长方碟、主刀、O形刀、V形刀、拉线刀、502胶水。

1.雕刻步骤

【雕花瓣】

①胡萝卜削皮后，使圆形拉刀与胡萝卜成80°下刀，先去掉一块废料，形成一个椭圆形凹槽。

②沿着凹槽边缘继续下刀，挖出花瓣。

③注意花瓣有大有小，要及时调整。

 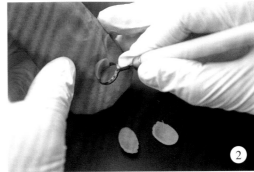

【雕花心】

①取南瓜削成三角锥形。

②用V形戳刀，在三角锥形上戳出细细的花蕊。

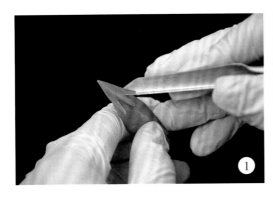 

③按此法旋转一周，待花蕊稍密细一点，再旋转取下花蕊。

④每根花蕊均匀沾上黄小米。

【花朵粘接组合】

①雕好的花瓣从花蕊边缘开始粘。

②花瓣粘连时，中间花苞要粘紧密些。

③注意粘连时第二圈花瓣的位置要和第一圈的错开。

④花瓣粘连要由内而外，注意调整位置和整体花形。

⑤完成花瓣粘连组合。

【作品组合】

①准备干树枝、花朵、502胶水。

②找到合适的点粘连第一朵花朵，随后依次粘上其他花朵（注意花朵的位置要高低错开、疏密有致，模仿真实的梅花，花朵要朝向不同方向生长）。

2. 创新组合运用

运用所雕刻的元素，搭配不同的装饰摆件，尝试拼摆出不同的梅花主题盘饰造型。

四、任务评价

按照评价指标及分值，采取学生自评、小组互评、教师评价等形式，总结和反思工作任务完成情况。

雕刻项目完成情况评分标准

评价项目		评价标准	得分
工作过程	工作态度	态度端正、工作认真、主动学习，穿戴整洁规范	
	职业素质	能按照食品卫生规范要求开展任务，注重安全卫生与原料节约，与小组成员之间能合作交流，共同提高效率	
	工作质量	能准确掌握梅花雕刻技法，雕刻的花瓣轻薄，制作的花朵灵动自然	
	创新意识	能了解梅花文化意蕴，并设计拼摆有创意的梅花主题盘饰	
项目成果	工作效率	能按时完成学习任务	
	成果展示	能准确表达、汇报工作结果	
最终平均得分			

拓展思考

　　在酒店菜肴出品时，除了菜肴和雕刻配饰，还有哪些技巧和手段能提升菜肴档次和增加就餐意境？

任务 3.2　荷花主题食品雕刻

一、工作任务发布

某酒店将要举行荷花节晚宴，需要为以下这道菜——清蒸鲈鱼（如下图）设计并制作荷花主题盘饰，请你帮助酒店食品雕刻师完成该工作。

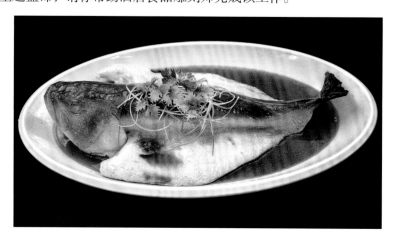

二、工作任务分析

荷花小知识

荷花，山龙眼目莲科莲属多年生水生草本植物，又名莲花、水芙蓉等。地下茎长而肥厚，有长节，叶盾圆形。花期 6～9 月，单生于花梗顶端，花瓣多数，嵌生在花托穴内，有红色、粉红色、白色、紫色等，或有彩纹、镶边。果椭圆形，种子卵形。

荷花种类很多，分观赏和食用两大类。原产于亚洲热带和温带地区，中国早在周朝就有栽培记载。荷花全身皆是宝，藕和莲子能食用，莲子、藕节、荷叶、荷花等都可入药。其出淤泥而不染之品格被世人称颂。"接天莲叶无穷碧，映日荷花别样红"就是对荷花之美的真实写照。荷花"出淤泥而不染，濯清涟而不妖，中通外直，不蔓不枝"，历来是诗人墨客歌咏绘画的题材之一。

【关键知识点】

（1）了解荷花的文化寓意。

（2）了解荷花的结构和雕刻方法。

【关键技能点】

（1）设计颜色协调、大小适中、配饰合理、主题突出的荷花盘饰方案，以提升菜肴和宴席的档次。

（2）根据设计方案，选择合适的原料。

（3）通过项目学习，掌握主刀、O形刀的外形特点、握刀姿势、运刀手法，能较熟练地使用这些刀具。

（4）掌握拉刻刀法的基本技法，能雕刻荷花花瓣、花蕊、莲蓬等元素，并组合成一朵完整的荷花。

（5）运用花枝、荷叶等辅助材料，进行合理组装，形成主题突出的精美盘饰。

三、工作任务实施

（一）课前导学

了解本学习任务，需要掌握荷花主题盘饰的素材和原则，请先通过教材阅读、网络搜索、图书借阅等方式收集荷花盘饰的相关案例和图片。

引导问题

1. 荷花盘饰一般包括哪些元素？

2. 常见的用于荷花雕刻的原料有哪些？

（二）课中学习

【课堂准备】

着厨师装，检查操作台面卫生。

【原料准备】

南瓜、白萝卜、胡萝卜、青萝卜、心里美萝卜、蒜薹、西瓜皮、巧克力果酱、黄小米。

【工具准备】

砧板、毛巾、构图笔、圆碟、主刀、O形刀、U形刀、拉线刀、502胶水、毛笔、食用色素（红色）。

1. 雕刻步骤

【雕花瓣】

①切一段长 10 厘米的白萝卜段，削出一个弧面。

②用 O 形刀 80° 下刀，拉出花瓣凹槽。

③沿着花瓣凹槽处拉出花瓣大致轮廓。

④沿着花瓣边缘斜刀 45° 削出花瓣外形。

⑤用食用色素染红花瓣尖。

⑥以相同的方法制作 20 片花瓣。

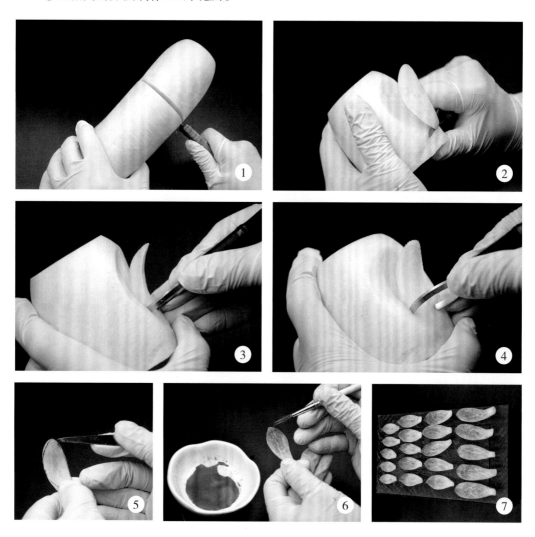

【雕花心】

①取一段青萝卜削出上大下小的圆锥体。

②主刀削整边缘，用U形刀转出几个莲蓬洞，制作出一个莲蓬。

③用西瓜皮转取出莲子。

④将莲子镶嵌到莲蓬洞中。

⑤取一块南瓜用拉刻刀拉出一排花蕾，沾上黄小米后在莲蓬周围贴紧。

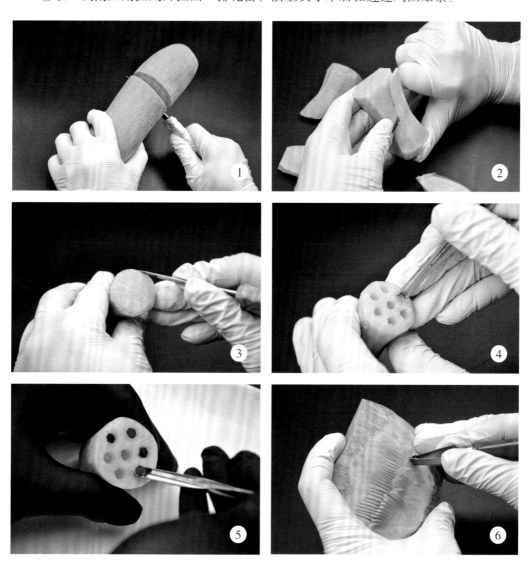

【花朵粘接组合】

①在莲蓬下面削出斜面，方便粘接。

②将花瓣一片片粘接到莲蓬底部。

③注意粘接第二层花瓣时要与第一层的交错开。

④按同样的方法将花瓣全部粘接到莲蓬底部即可。

【雕荷叶】

①取一片青萝卜皮。

②用构图笔画出荷叶形状。

③用主刀削出荷叶轮廓。

④用拉线刀拉出荷叶的叶脉。

【雕荷花花苞】

①取一块白萝卜画出花苞外形，削出花苞形状。

②打磨成橄榄形。

③用构图笔勾画花瓣形状。

④用主刀逐层雕刻出花瓣。

⑤用毛笔蘸取食用色素在花瓣尖处染色。

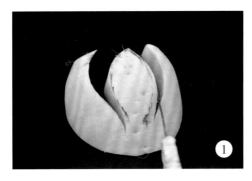

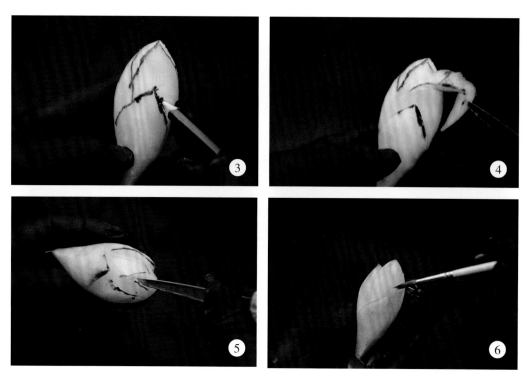

【作品组合】

将每个部件按照盘饰布局原则组合成型。

2. 创新组合运用

运用所雕刻的元素，搭配不同的装饰摆件，尝试拼摆出不同的荷花主题盘饰造型。

四、任务评价

按照评价指标及分值，采取学生自评、小组互评、教师评价等形式，总结和反思工作任务完成情况。

雕刻项目完成情况评分标准

评价项目		评价标准	得分
工作过程	工作态度	态度端正、工作认真、主动学习，穿戴整洁规范	
	职业素质	能按照食品卫生规范要求开展任务，注重安全卫生与原料节约，与小组成员之间能合作交流，共同提高效率	
	工作质量	能准确掌握荷花雕刻技法，雕刻的花瓣轻薄、制作的花朵形象逼真，整体组合比例协调	
	创新意识	能了解荷花文化意蕴，并拼摆有创意的荷花主题盘饰	
项目成果	工作效率	能按时完成学习任务	
	成果展示	能准确表达、汇报工作结果	
最终平均得分			

拓展思考

　　1. 荷花蕴含哪些传统文化寓意？

　　2. 根据文化寓意，荷花主题雕刻适用于哪些宴席？

任务 3.3　菊花主题食品雕刻

一、工作任务发布

俗话说，"秋风起，蟹脚痒""九月圆脐十月尖，持蟹赏菊菊花天"。进入秋季，也就进入了吃螃蟹的好季节，酒店应季推出清蒸大闸蟹（如下图），要为该菜品设计并制作菊花主题盘饰，请你帮助酒店食品雕刻师完成该工作。

二、工作任务分析

菊花小知识

菊花，多年生草本植物，高 60 ~ 150 厘米。茎直立，分枝或不分枝，被柔毛。叶互生，有短柄，叶片卵形至披针形，长 5 ~ 15 厘米，羽状浅裂或半裂，基部楔形，背面被白色短柔毛，边缘有粗大锯齿或深裂，基部楔形，有柄。头状花序单生或数个集生于茎枝顶端，直径 2.5 ~ 20 厘米，大小不一，品种不同，差别很大。总苞片多层，外层绿色，条形，边缘膜质，外面被柔毛。培育的品种极多，花有红色、黄色、白色、橙色、紫色、粉红色、暗红色等，头状花序多变化，形色各异，形状因品种而有单瓣、平瓣、匙瓣等多种类型，花期 9 ~ 11 月。雄蕊、雌蕊和果实多不发育。

续表

菊花小知识
菊花是中国十大传统名花、"花中四君子"和世界四大切花之一。在中国古代菊花有许多文化内涵，比如菊花有"花中隐士"的雅称；又被誉为"十二客"中的"寿客"，有吉祥、长寿的含义；诗词中用菊花比喻品行高洁的人。菊花观赏价值较高，除盆栽或配植花坛外，常用作切花材料。部分菊花品种可食用。

【关键知识点】

（1）了解菊花的文化寓意。

（2）掌握菊花结构、造型及相应原料的选择。

【关键技能点】

（1）设计颜色协调、大小适中、配饰合理、主题突出的菊花主题盘饰方案，以提升菜肴和宴席的档次。

（2）根据设计方案，选择合适的原料。

（3）通过项目学习，掌握拉刻刀的外形特点、握刀姿势、运刀手法，能较熟练地使用这些刀具。

（4）掌握拉刻刀法的基本技法，用组合雕的形式粘连菊花花瓣。

（5）运用叶子、假山等辅助材料，进行合理组装，形成主题突出的精美盘饰。

三、工作任务实施

（一）课前导学

了解本学习任务，掌握菊花主题盘饰的素材和原则，通过教材阅读、网络搜索、图书借阅等方式提前收集菊花盘饰的相关案例和图片。

引导问题

　　1. 菊花盘饰一般包括哪些元素？

　　2. 常见的用于菊花雕刻的原料有哪些？

（二）课中学习

【课堂准备】

着厨师装，检查操作台面卫生。

【原料准备】

南瓜、青萝卜、西瓜皮、蒜薹。

【工具准备】

砧板、毛巾、构图笔、方碟、主刀、U形刀、拉刻刀、502胶水。

1. 雕刻步骤

【雕菊花瓣】

①取一段长12厘米的南瓜段，去皮。

②用大号拉刻刀拉出第一层废料形成一个凹槽。

③沿着凹槽继续下刀拉出花瓣。

④以此方法拉出约60片长3厘米的短花瓣、60片长5厘米的花瓣。

⑤取一长方条南瓜削出横向凹槽。

⑥削圆顶部后用细线拉刻刀拉出花心纹路。

⑦取一块长方条南瓜拉出凹槽，盛装502胶水备用。

⑧由内而外沿着花心周围由短到长粘上花瓣。

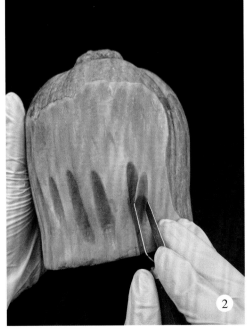

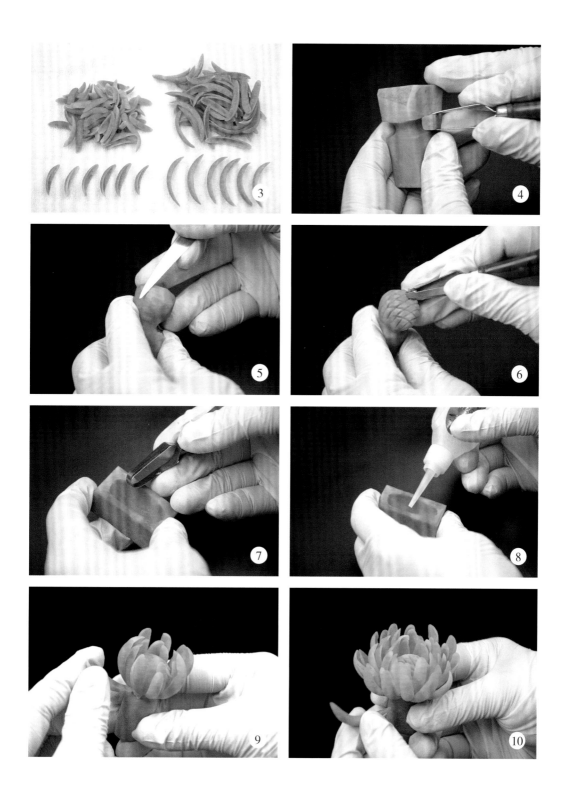

【雕花叶】

用西瓜皮雕刻叶子。

【作品组合】

将每个部件按照盘饰布局原则组合成型。

2. 创新组合运用

运用所雕刻的元素，搭配不同的装饰摆件，尝试拼摆出不同的菊花主题盘饰造型。

四、任务评价

按照评价指标及分值，采取学生自评、小组互评、教师评价等形式，总结和反思工作任务完成情况。

雕刻项目完成情况评分标准

评价项目		评价标准	得分
工作过程	工作态度	态度端正、工作认真、主动学习，穿戴整洁规范	
	职业素质	能按照食品卫生规范要求开展任务，注重安全卫生与原料节约，与小组成员之间能合作交流，共同提高效率	
	工作质量	能准确掌握菊花雕刻技法，雕刻的花瓣轻薄，制作的菊花花瓣密集、花朵开放自然，叶子轻薄、叶脉清晰，组合比例协调	
	创新意识	能了解菊花文化意蕴，并拼摆有创意的菊花主题盘饰	
项目成果	工作效率	能按时完成学习任务	
	成果展示	能准确表达、汇报工作结果	
最终平均得分			

拓展思考

除了本学习任务中用南瓜雕刻菊花，菊花还有什么常见形态和品种？要雕刻别的品种的菊花，应选用哪些原料和刀法？

任务 3.4 牡丹主题食品雕刻

一、工作任务发布

酒店承担了某个国际宴会接待任务，拟制作菜品——富贵牡丹虾（如下图），为突出主题，要为该菜品设计并制作牡丹花主题盘饰，请你帮助酒店食品雕刻师完成该工作。

二、工作任务分析

牡丹小知识
牡丹，芍药科芍药属植物，多年生落叶灌木。茎可高达 2 米；分枝短而粗。叶通常为二回三出复叶，偶尔近枝顶的叶为 3 小叶；顶生小叶宽卵形，表面绿色，无毛，背面淡绿色，有时具白粉，侧生小叶狭卵形或长圆状卵形，叶柄长 5 ～ 11 厘米，和叶轴均无毛。花单生枝顶，苞片 5 枚，长椭圆形；萼片 5 枚，绿色，宽卵形，花瓣 5 枚或为重瓣，玫瑰色、红紫色、粉红色至白色，通常变异很大，倒卵形，顶端呈不规则的波状；花药长圆形，长 4 毫米；花盘革质，杯状，紫红色；心皮 5 枚，稀更多，密生柔毛。蓇葖长圆形，密生黄褐色硬毛。花期 5 月；果期 6 月。在栽培类型中，根据花的颜色，可分成上百个品种。牡丹品种繁多，色泽亦多，以黄、绿、肉红、深红、银红为上品，尤以黄、绿为贵。

续表

牡丹小知识

　　"唯有牡丹真国色，花开时节动京城。"牡丹的寓意是富贵、平安。牡丹花大而香，故又有"国色天香"之称，千百年来被拥戴为"花中之王"。相关文学和绘画作品很丰富。牡丹是中国原产花卉，有数千年的自然生长和2000多年的人工栽培历史。牡丹具有很高的观赏价值和药用价值，自秦汉时期以药用植物载入《神农本草经》以来，历代各种古籍均有记载，形成了植物学、园艺学、药物学、地理学、文学、艺术、民俗学等多学科的牡丹文化学，是中华民族文化和民俗学的组成部分。

【关键知识点】

（1）了解牡丹的文化传统寓意。

（2）了解牡丹各品种的颜色、花形和结构。

【关键技能点】

（1）设计颜色协调、大小适中、配饰合理、主题突出的牡丹盘饰方案，以提升菜肴和宴席的档次。

（2）根据设计方案，选择合适的原料。

（3）通过项目学习，掌握拉刻刀的外形特点、握刀姿势、运刀手法，能较熟练地使用这些刀具。

（4）掌握直刀法和旋刀法的基本技法，能用整雕方法雕刻牡丹。

（5）运用叶子、配饰等辅助材料，进行合理组装，形成主题突出的精美盘饰。

三、任务实施

（一）课前导学

　　了解本学习任务，需要掌握牡丹主题盘饰的素材和原则，请先通过教材阅读、网络搜索、图书借阅等方式收集牡丹盘饰的相关案例和图片。

引导问题

1. 牡丹花盘饰一般包括哪些元素?
2. 常见的用于牡丹花雕刻的原料有哪些?

（二）课中学习

【课堂准备】

着厨师装，检查操作台面卫生。

【原料准备】

心里美萝卜、青萝卜、黄小米、红萝卜、白萝卜、巧克力酱。

【工具准备】

砧板、毛巾、构图笔、圆碟、主刀、花瓣刀、镊子、拉刻刀、502胶水。

1. 雕刻步骤

【雕刻牡丹花瓣】

①取一块心里美萝卜，用构图笔画出花瓣形状。

②用主刀削出花瓣大致轮廓。

③用花瓣刀拉出花瓣，主刀修整成形。

④用相同方法雕刻出15片花瓣。

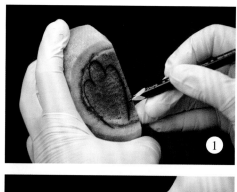

【雕刻牡丹花蕊】

取一个心里美萝卜，用细线拉刻刀拉出一排花蕾，沾 502 胶水后裹上黄小米，由内至外卷成整个花心。

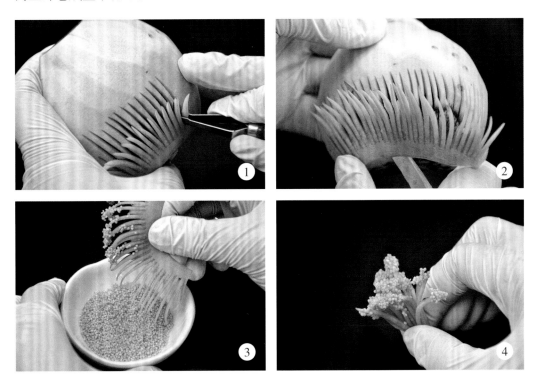

【花朵组合】

①用 502 胶水将花瓣一片片粘接到花心周围。

②粘接时注意第二层花瓣要与第一层的错开。

【雕刻牡丹叶子】

①取一片青萝卜皮。

②用构图笔画出牡丹叶形状。

③用主刀削出牡丹叶形状。

④用拉刻刀拉出牡丹叶的叶脉。

【作品组合】

将每个部件按照盘饰布局原则组合成型。

2. 创新组合运用

运用所雕刻的元素，搭配不同的装饰摆件，尝试拼摆出不同的牡丹盘饰造型。

四、任务评价

按照评价指标及分值，采取学生自评、小组互评、教师评价等形式，总结和反思工作任务完成情况。

雕刻项目完成情况评分标准

评价项目		评价标准	得分
工作过程	工作态度	态度端正、工作认真、主动学习，穿戴整洁规范	
	职业素质	能按照食品卫生规范要求开展任务，注重安全卫生与原料节约，与小组成员之间能合作交流，共同提高效率	
	工作质量	能准确掌握牡丹花雕刻技法，雕刻的花瓣上薄下厚、自然翻卷，制作的花朵整体比例协调、层次分明	
	创新意识	能了解牡丹花文化意蕴，并拼摆有创意的牡丹花主题盘饰	
项目成果	工作效率	能按时完成学习任务	
	成果展示	能准确表达、汇报工作结果	
最终平均得分			

课后拓展

查阅网络教学视频，学习其他的牡丹雕刻技法。

任务 3.5 月季主题食品雕刻

一、工作任务发布

酒店承担了中秋宴会接待任务，拟制作糕点——"花好月圆"（莲蓉月饼）（如下图），为突出主题，要为该菜品设计并制作月季主题盘饰，请你帮助酒店食品雕刻师完成该工作。

二、工作任务分析

月季小知识

月季，被称为"花中皇后"，又称"月月红"，是常绿、半常绿低矮灌木，四季开花，一般为红色，可作观赏植物，也可作药用植物。有 3 个自然变种，现代培育品种月季花型多样，有单瓣和重瓣，还有高心卷边等优美花型；其色彩艳丽、丰富，不仅有红、粉、黄、白等单色，还有混色、银边等；多数品种有芳香。月季的品种繁多，世界上已有近万种，中国有千种以上。

续表

月季小知识
中国是月季的原产地之一。月季花型秀美，姿色多样，四时常开，深受人们的喜爱。自然花期 8 月到翌年 4 月，花大型，由内向外，呈发散型，有浓郁香气，月季的适应性强，耐寒，地栽、盆栽均可，可用于美化庭院、装点园林、布置花坛、配植花篱、花架；也可做切花用于制作花束和各种花篮，并可提取香精，或入药。红色切花更成为情人间常送的礼物之一，成为坚贞不渝的爱情的代表。

【关键知识点】

（1）了解月季的文化寓意和花形结构。

（2）了解花卉主题盘饰的原则。

【关键技能点】

（1）花瓣与花瓣的间距要掌握好，不能出现断层现象，也不能太过密集。

（2）花瓣要求大小均匀、逐层变化。上薄下厚的形状更具观赏性。

（3）成品要求形态逼真，比例协调。

（4）熟练使用旋刀法雕刻。

三、任务实施

(一) 课前导学

了解本学习任务，需要掌握月季主题盘饰的素材和原则，请先通过教材阅读、网络搜索、图书借阅等方式收集月季盘饰的相关案例和图片。

引导问题

　1. 如何区别月季与玫瑰？

　2. 常见的用于月季花雕刻的原料有哪些？

(二) 课中学习

【课堂准备】

着厨师装，检查操作台面卫生。

【原料准备】

心里美萝卜、青萝卜、巧克力酱。

【工具准备】

砧板、毛巾、构图笔、圆碟、拉刻刀、主刀。

1. 雕刻步骤

①将心里美萝卜对半切开，在底部画出拇指大小的五边形。

②雕刻第一层花瓣：45°斜刀依次沿五条边切出5片同样大小的废料，从底部看是正五边形。在其周围画出5个花瓣形状，用主刀沿着画线处下刀，刻出花瓣外形，然后沿花瓣边缘下刀，用直刀法由薄到厚将第一层花瓣雕刻出来。

③雕刻第二层花瓣：采用旋刀法进行雕刻，在每两片花瓣之间下刀旋去废料，形成一个弧面，然后画出花瓣形状，用主刀沿着画线处下刀，刻出花瓣外形，用旋刀法将花瓣雕刻出来。

④雕刻第三层至第五层花瓣：采取同样方法雕刻花瓣，去废料的角度逐渐向内倾斜。

⑤雕刻花心：采用相同的雕刻方法，下刀角度逐渐倾斜将原料修成圆锥形，依次将花瓣雕刻完毕。

⑥整体修整造型：将雕刻完毕的月季，放入清水中浸泡片刻。然后用手指将花瓣稍往外翻，使其呈现花瓣盛开的形态。花蕊达到含苞待放的效果。

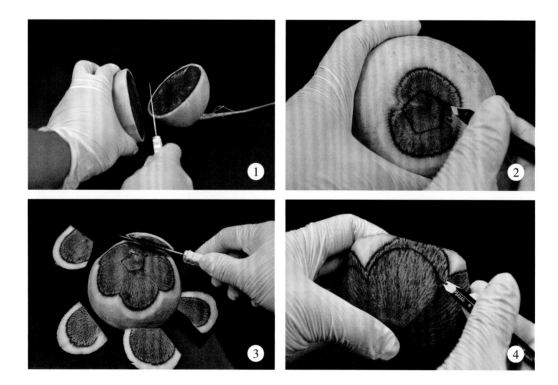

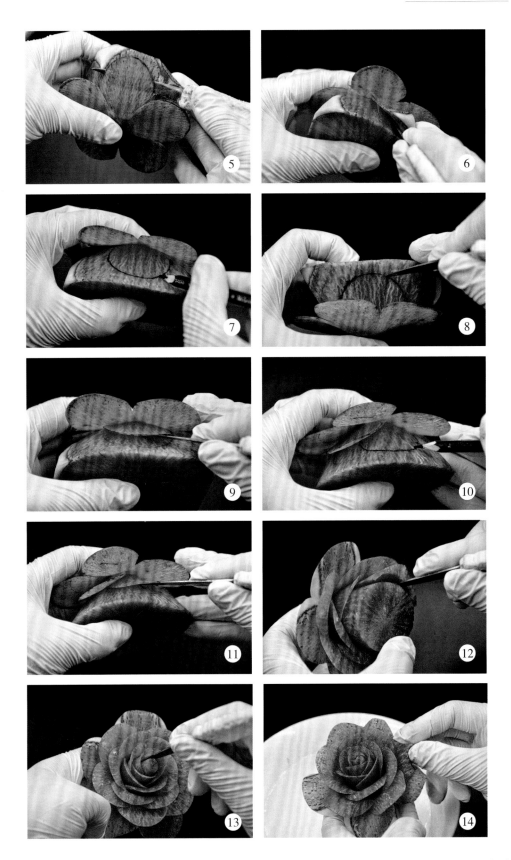

【雕刻月季叶子】

用青萝卜雕刻叶子。

【作品组合】

将月季、叶子、枝干组合成型。

2. 创新组合运用

运用所雕刻的元素，搭配不同的装饰摆件，尝试拼摆出不同的月季主题盘饰造型。

四、任务评价

按照评价指标及分值，采取学生自评、小组互评、教师评价等形式，总结和反思工作任务完成情况。

雕刻项目完成情况评分标准

评价项目		评价标准	得分
工作过程	工作态度	态度端正、工作认真、主动学习，穿戴整洁规范	
	职业素质	能按照食品卫生规范要求开展任务，注重安全卫生与原料节约，与小组成员之间能合作交流，共同提高效率	
	工作质量	能准确掌握月季花雕刻技法，雕刻的花瓣轻薄、自然翻卷开放，花瓣包裹疏密有致	
	创新意识	能了解月季花文化意蕴，并拼摆有创意的月季主题盘饰	
项目成果	工作效率	能按时完成学习任务	
	成果展示	能准确表达、汇报工作结果	
最终平均得分			

课后拓展

1. 查找资料，尝试使用老师没有教过的雕刻方法雕刻月季。

2. 小组合作设计雕刻一个主题为"花好月圆"的不同造型花卉装饰。

任务 3.6　马蹄莲主题食品雕刻

一、工作任务发布

酒店承担了传统菜宴会接待任务，拟制作"赏花归来马蹄香"（桂花马蹄卷），为突出主题，要为该菜品设计并制作马蹄莲主题盘饰，请你帮助酒店食品雕刻师完成该工作。

二、工作任务分析

马蹄莲小知识
马蹄莲，天南星科马蹄莲属多年生粗壮草本植物，别名慈姑花、水芋花。 　　马蹄莲容易分蘖形成丛生植物。叶基生，叶下部具鞘；叶片较厚，绿色，心状箭形或箭形，先端锐尖、渐尖或具尾状尖头，基部心形或戟形。喜疏松肥沃、腐殖质丰富的黏壤土。花期2～3月，果期8～9月。原产于非洲东北部及南部。我国多地均有栽培。常作栽培观

续表

马蹄莲小知识
赏或切花。马蹄莲已成为国际花卉市场上重要的切花种类之一。马蹄莲可药用，具有清热解毒的功效。 　　马蹄莲挺秀雅致，花苞洁白，宛如马蹄，叶片翠绿，缀以白斑，可谓花叶两绝。清冽的马蹄莲，是素洁、纯真、朴实的象征。 

【关键知识点】

（1）了解马蹄莲的文化寓意和花型结构。

（2）了解花卉主题装饰方法。

【关键技能点】

（1）雕刻花瓣要求形似马蹄形，花瓣自然翻卷，要掌握好下刀力度，不能出现穿洞透光现象，也不能使成品太厚重。

（2）叶片要求大小均匀、逐层变化、上薄下厚，粘合成型后观赏性强。

（3）成品要求形态逼真，比例协调。

三、任务实施

（一）课前导学

　　了解本学习任务，需要掌握马蹄莲主题盘饰的素材和原则，请先通过教材阅读、网络搜索、图书借阅等方式收集马蹄莲盘饰的相关案例和图片。

引导问题

　　1. 马蹄莲有哪些雕刻方法？

　　2. 常见的用于马蹄莲雕刻的原料有哪些？

（二）课中学习

【课堂准备】

着厨师装，检查操作台面卫生。

【原料准备】

白萝卜、青萝卜、南瓜、蒜薹。

【工具准备】

砧板、毛巾、构图笔、异形碟、U形刀、主刀、砂纸、拉刻刀、削皮刀、502胶水。

1. 雕刻步骤

①45°入刀将一个白萝卜切出一段长8厘米的白萝卜段，用构图笔画出花瓣外形后用主刀削去边缘废料。

②用U形刀戳出花心废料，再用主刀从原料面上斜刀45°进入，旋出废料成斜漏斗形。

③从外侧边旋出交叉的花瓣，确定花瓣形状。

④用U形刀戳出花瓣外边缘废料，用主刀削整成型，使花瓣向外翻卷。

⑤用砂纸打磨周围及内侧使其光滑，然后用主刀雕出南瓜花蕾粘入花心。

⑥用蒜薹做枝干粘接花朵。

⑦用青萝卜皮雕刻叶子后，将雕刻完毕的马蹄莲组合成型。

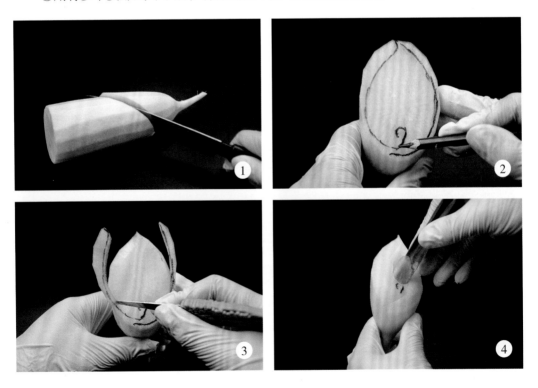

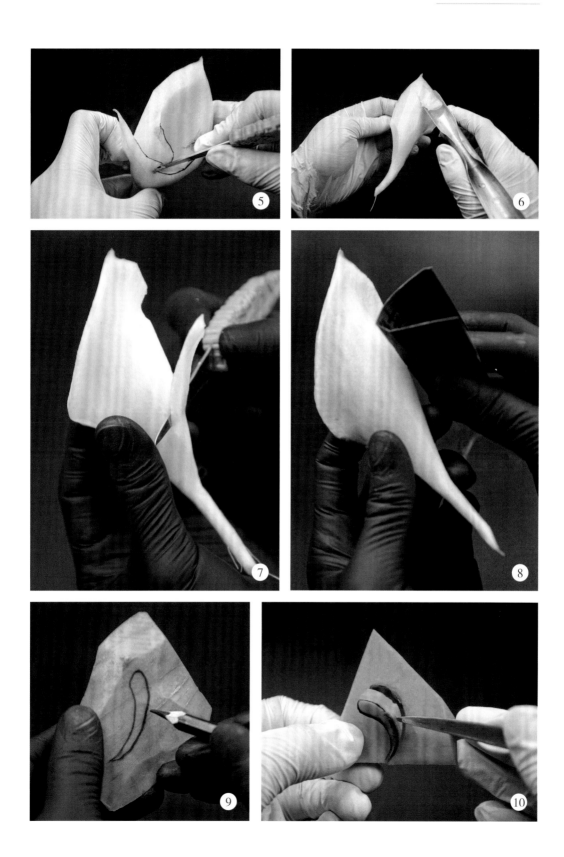

2. 创新组合运用

运用所雕刻的元素，搭配不同的装饰摆件，尝试拼摆出不同的马蹄莲主题盘饰造型。

四、任务评价

按照评价指标及分值，采取学生自评、小组互评、教师评价等形式，总结和反思工作任务完成情况。

雕刻项目完成情况评分标准

评价项目		评价标准	得分
工作过程	工作态度	态度端正、工作认真、主动学习，穿戴整洁规范	
	职业素质	能按照食品卫生规范要求开展任务，注重安全卫生与原料节约，与小组成员之间能合作交流，共同提高效率	
	工作质量	能准确掌握马蹄莲雕刻技法，雕刻的花瓣轻薄、自然翻卷开放	
	创新意识	能了解马蹄莲花文化意蕴，并拼摆有创意的马蹄莲主题盘饰	
项目成果	工作效率	能按时完成学习任务	
	成果展示	能准确表达、汇报工作结果	
最终平均得分			

课后拓展

1. 查找资料，尝试使用老师没有教过的雕刻方法雕刻马蹄莲。
2. 小组合作设计雕刻一个不同造型的花卉装饰。

任务 3.7　牵牛花主题食品雕刻

一、工作任务发布

　　酒店承担了田园宴会接待任务，拟制作菜肴——"田园小炒"（如下图），为突出主题，要为该菜品设计并制作牵牛花主题盘饰，请你帮助酒店食品雕刻师完成该工作。

二、工作任务分析

牵牛花小知识

　　牵牛花，旋花科番薯属一年生草本植物。茎缠绕；叶宽卵形或近圆形，先端渐尖，基部心形；花序腋生，花冠蓝紫或紫红色，无毛；蒴果近球形；种子卵状三棱形，黑褐色或米黄色，被褐色短茸毛；花期7～9月；果期8～10月。

　　牵牛花广泛种植于热带和亚热带地区，中国目前除西北和东北的一些地区外，大部分地区都有分布。牵牛花属阳性植物，喜光，喜湿，喜温暖，不耐寒，耐干旱瘠薄，耐低温。牵牛花以播种繁殖为主。牵牛花为夏秋季常见的蔓生草花，可用于小庭院及居室窗前遮阴及小型棚架的美化，也可作地被栽植。

【关键知识点】

（1）了解牵牛花文化寓意和花型结构。

（2）了解花卉主题盘饰的原则。

【关键技能点】

（1）花朵与花朵的间距要掌握好、不能出现重叠，花朵疏密有致。

（2）花瓣要求上薄下厚，呈喇叭状。

（3）雕刻成品比例协调。

（4）熟练旋刀法和戳刀法的使用。

三、任务实施

（一）课前导学

了解本学习任务，需要掌握牵牛花主题盘饰的素材和原则，请先通过教材阅读、网络搜索、图书借阅等方式收集相关案例和图片。

引导问题

1. 牵牛花有哪些品种？

2. 常见的牵牛花盘饰雕刻组合设计有哪些？

（二）课中学习

【课堂准备】

着厨师装，检查操作台面卫生。

【原料准备】

白萝卜、西瓜皮、南瓜、胡萝卜、青辣椒、紫色素、蒜薹。

【工具准备】

砧板、毛巾、构图笔、方碟、主刀、U形刀、砂纸、镊子、毛笔、拉刻刀、502胶水。

1.雕刻步骤

【雕刻花朵】

①取一段长6厘米的白萝卜段，斜刀45°削出5个斜面。

②用主刀旋出中心点，再用U形刀从原料5个面上斜刀45°切入，戳出废料使其

呈漏斗形，并用主刀修饰成型。

　　③从边缘画出花瓣外轮廓，并下刀削出花瓣外形。

　　④削出上大下小的花托的大致形状，并用 U 形刀戳出花瓣外翻的凹槽。

　　⑤主刀修整后用砂纸打磨周围及内侧使其光滑，然后用拉刻刀在胡萝卜上雕出花心，将花心粘入做花蕾。

　　⑥取一个青辣椒，在其柄部雕刻出花托并与花朵粘连在一起，用毛笔蘸取色素染色。

　　⑦取一条蒜薹，用拉线刀拉出 5 条粗细不同的线条，泡水使其自然卷曲备用。

　　⑧从西瓜皮取 2 毫米厚的绿皮，雕刻出多片叶子备用。

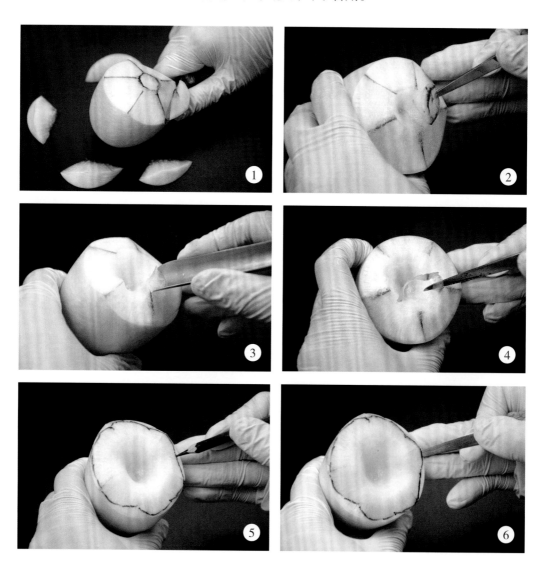

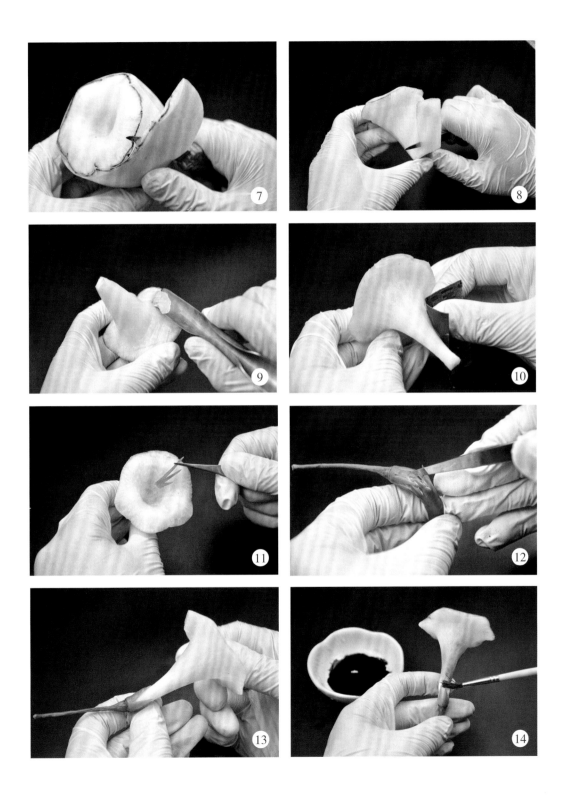

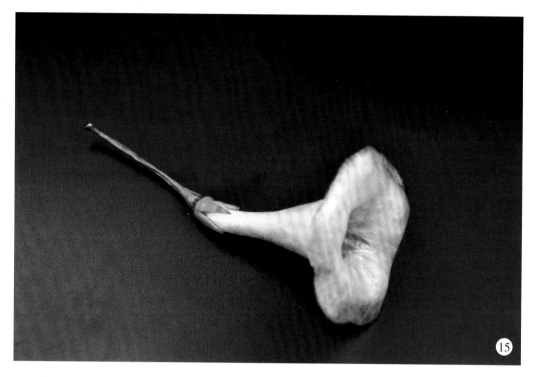

【雕刻底座】

①取一块南瓜整体修整造型当成石块底座备用。

②用胡萝卜雕刻出 5 根长短不同的竹子当支架备用。

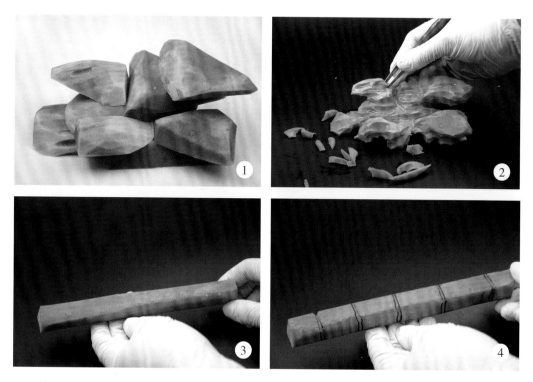

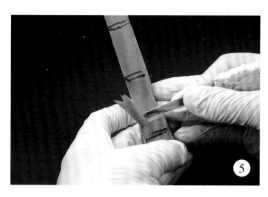
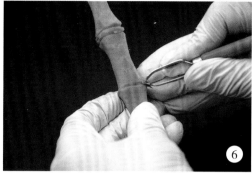

【作品组合】

将底座等装饰组合好，然后将雕刻完毕的牵牛花插上，放入清水中浸泡片刻。然后用手指将叶子、蒜薹藤蔓稍粘连组合整理协调即可。

2. 创新组合运用

运用所雕刻的元素，搭配不同的装饰摆件，尝试拼摆出不同的牵牛花主题盘饰造型。

四、任务评价

按照评价指标及分值，采取学生自评、小组互评、教师评价等形式，总结和反思工作任务完成情况。

雕刻项目完成情况评分标准

评价项目		评价标准	得分
工作过程	工作态度	态度端正、工作认真、主动学习，穿戴整洁规范	
	职业素质	能按照食品卫生规范要求开展任务，注重安全卫生与原料节约，与小组成员之间能合作交流，共同提高效率	
	工作质量	能准确掌握牵牛花雕刻技法，雕刻的花瓣轻薄、自然翻卷开放，花朵疏密有致、底座、支架组合比例协调	
	创新意识	能了解牵牛花的文化意蕴，并拼摆有创意造型的牵牛花主题盘饰	
项目成果	工作效率	能按时完成学习任务	
	成果展示	能准确表达、汇报工作结果	
最终平均得分			

课后拓展

1. 查找资料，尝试使用老师没有教过的雕刻方法雕刻牵牛花。
2. 小组合作设计雕刻一个主题为"田园小景"的创意造型盘饰。

任务 3.8　花篮主题食品雕刻

一、工作任务发布

某酒店承担了某个重要国际友人迎宾宴会接待任务，拟制作桌面展台——"迎宾花篮"（如下图），为突出主题，要为该展台设计并制作花篮盘饰，请你帮助酒店食品雕刻师完成该工作。

二、工作任务分析

【关键知识点】

以篮为容器制作成的插花，是社交、礼仪场合最常用的花卉装饰形式之一，用于开业、致庆、迎宾、会议、生日、婚礼等场合。尺寸有大有小，造型有单面观及四面观，有规则式的扇面形、辐射形、椭圆形及不规则的 L 形、新月形等。花篮有提梁，便于携带。

【关键技能点】

（1）掌握花篮雕刻技法和操作要领。

（2）掌握花篮表面竹编纹路的雕刻方法，要求下刀干净利落，纹路清晰。

（3）要求雕刻的篮身饱满大气，提梁和篮身比例协调。

（4）颜色搭配合理，重色在下、淡色在上，鲜花搭配合理，比例协调，观赏性强。

三、任务实施

（一）课前导学

了解本学习任务，需要掌握花篮主题盘饰的素材和原则，请先通过教材阅读、网络搜索、图书借阅等方式收集花篮盘饰的相关案例和图片。

引导问题

1. 花篮纹理的编织造型有哪些？

2. 常见的用于花篮雕刻原料有哪些？

（二）课中学习

【课堂准备】

着厨师装，检查操作台面卫生。

【原料准备】

南瓜1个。

【工具准备】

砧板、毛巾、构图笔、圆碟、主刀、U形刀。

1. 雕刻步骤

①取一个南瓜削皮，切平底部，用构图笔画出花篮大致轮廓，再用主刀沿着画线处切出花篮形状，去除内部废料。

②把花篮提梁削圆滑。

③把篮身削光滑、刻出篮身边框。

④用小号U形刀戳刻出花篮纹路。

⑤插入雕刻好的花并组合成"迎宾花篮"。

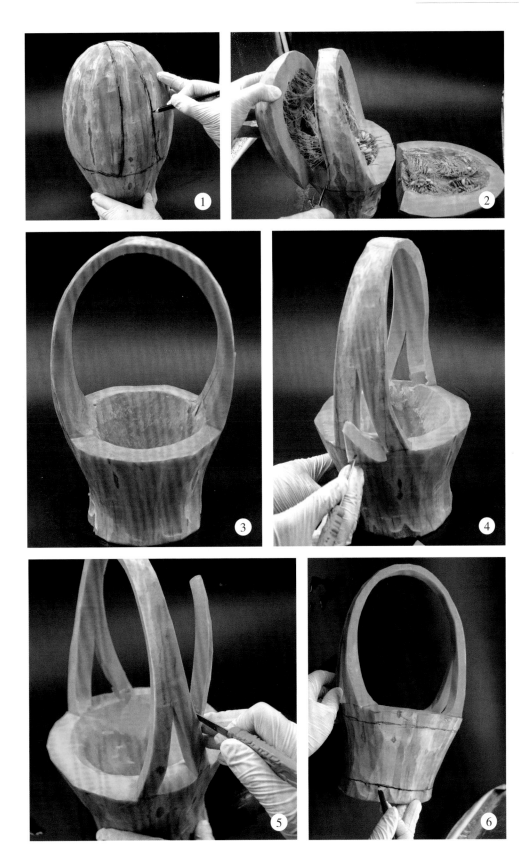

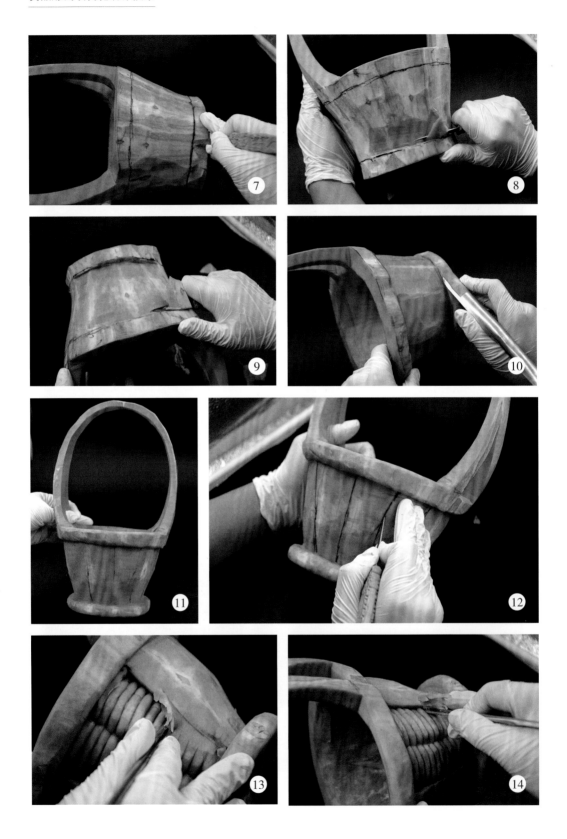

2. 创新组合运用

运用所雕刻的元素，搭配不同的装饰摆件，尝试拼摆出不同的盘饰造型。

四、任务评价

按照评价指标及分值，采取学生自评、小组互评、教师评价等形式，总结和反思工作任务完成情况。

雕刻项目完成情况评分标准

评价项目		评价标准	得分
工作过程	工作态度	态度端正、工作认真、主动学习，穿戴整洁规范	
	职业素质	能按照食品卫生规范要求开展任务，注重安全卫生与原料节约，与小组成员之间能合作交流，共同提高效率	

续表

评价项目		评价标准	得分
工作过程	工作质量	能准确掌握花篮雕刻技法，要求雕刻的篮身饱满大气，提梁和篮身比例协调。花朵扦插美观，主次分明	
	创新意识	能了解花篮文化意蕴，并拼摆有创意的迎宾花篮	
项目成果	工作效率	能按时完成学习任务	
	成果展示	能准确表达、汇报工作结果	
最终平均得分			

课后拓展

收集藤编、竹编等不同花纹的编织工艺作品参考学习。

项目四

水族类雕刻

此项目是针对海鲜等原料制作的菜肴，雕刻鱼、虾等进行美化点缀装饰。要掌握水族类动物的形态、动感和雕刻技法，生活中多观察细节，掌握水族类动物的生活习性，学会绘画设计构图、颜色搭配等点缀方法。

项目中的鱼虾等雕刻作品可添加水草、珊瑚、贝壳、海螺等配饰使作品更加小巧精致、生动有趣。每个学习任务可单独用于菜肴装饰，全部任务组合成"海底世界"，也可用于大型宴席展台。任务内容可形成形式多样的作品，举一反三，满足同学们自主创新的兴趣。只要了解并掌握了雕刻方法和技法要领，就能雕刻出栩栩如生的水族类作品。

项目目标

知识目标

1. 通过教学了解水族类的生理特征和基础知识。
2. 学会作品的色彩搭配、比例协调、原料合理使用等原则设计制作作品。

能力目标

1. 能够运用相应技法雕刻出常见的鱼、虾等作品装饰菜肴。
2. 能设计、制作"海底世界"大型展台雕刻。
3. 能根据不同的宴席要求创新作品。

素质目标

勤于思考，提升多角度、全方位分析问题的能力，培养其精益求精的工匠精神。

任务 4.1　神仙鱼雕刻盘饰制作

一、工作任务发布

　　某酒店承接了海鲜菜肴宴会接待任务，拟制作"香煎黄花鱼"（如下图）菜肴装饰，为突出主题，要为该菜肴设计并制作装饰，请你帮助酒店食品雕刻师完成该工作。

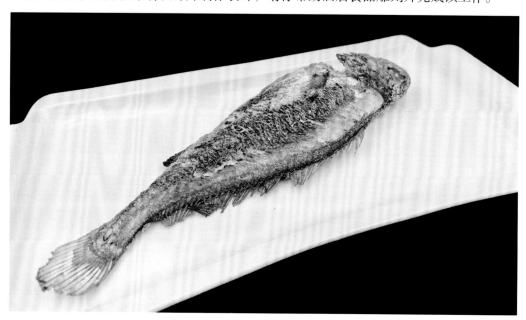

二、工作任务分析

神仙鱼小知识

　　神仙鱼，鲈形目丽鱼科天使鱼属热带鱼类。原产于南美洲的秘鲁、巴西。

　　神仙鱼长 12～15 厘米，高 15～20 厘米，适宜水温 26～32℃。寿命 5 年左右。头小而尖，体侧扁、呈菱形。背鳍和臀鳍很长大，挺拔如三角帆，故有小鳍帆鱼之称。神仙鱼鱼体侧扁呈菱形，从侧面看神仙鱼游动，如同燕子翱翔，故在中国北方地区又被称为"燕鱼"。

　　经过多年的人工改良和杂交繁殖，神仙鱼有了许多新的种类，根据尾鳍的长短，分为短尾、中长尾、长尾三大品系；而根据鱼体的斑纹、色彩变化又分成好多种类，在国内比较常见的有白神仙鱼、黑神仙鱼、鸳鸯神仙鱼、三色神仙鱼等。

【关键知识点】

（1）了解神仙鱼的外观、习性等特点。

（2）学会神仙鱼的雕刻技法，力求逼真。

【关键技能点】

（1）掌握神仙鱼的动感，雕刻成品生动自然。

（2）熟悉神仙鱼的雕刻步骤；掌握快速去废料的方法。

（3）熟悉绘画的基本方法、构图清晰、定位准确。

（4）鱼鳍要雕刻细密有层次。

（5）背鳍、腹鳍和鱼尾要自然飘动，不生硬。

三、任务实施

（一）课前导学

了解本学习任务，需要掌握水族类主题盘饰的素材和原则，请先通过教材阅读、网络搜索、图书借阅等方式收集海鲜类盘饰的相关案例和图片。

引导问题

1. 神仙鱼盘饰一般包括哪些元素？

2. 神仙鱼的常见鱼类品种有哪些？

（二）课中学习

【课堂准备】

着厨师装，检查操作台面卫生。

【原料准备】

西瓜皮、白萝卜、胡萝卜、青萝卜、心里美萝卜。

【工具准备】

砧板、毛巾、构图笔、木托盘、主刀、镊子、砂纸、拉刻刀、U 形刀、O 形刀、仿真眼、502 胶水。

1. 雕刻步骤

【雕刻神仙鱼】

①取两片厚 1 ～ 1.5 厘米、长 7 厘米的长方形胡萝卜，用 502 胶水拼接，用构图笔勾勒出神仙鱼的大致轮廓。

②用主刀沿着画线处去除废料。

③用主刀雕刻出背鳍、腹鳍、鱼尾的大致形状，用砂纸打磨鱼体，使其光滑。

④拉刻刀雕刻出鱼嘴、鱼腹部、背鳍、腹鳍、鱼尾上的细小纹路，将雕好的背鳍，用 502 胶水粘在鱼身上。

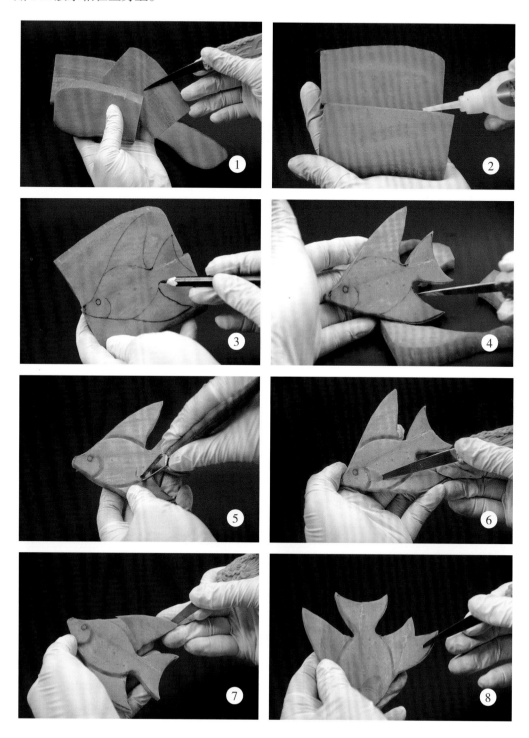

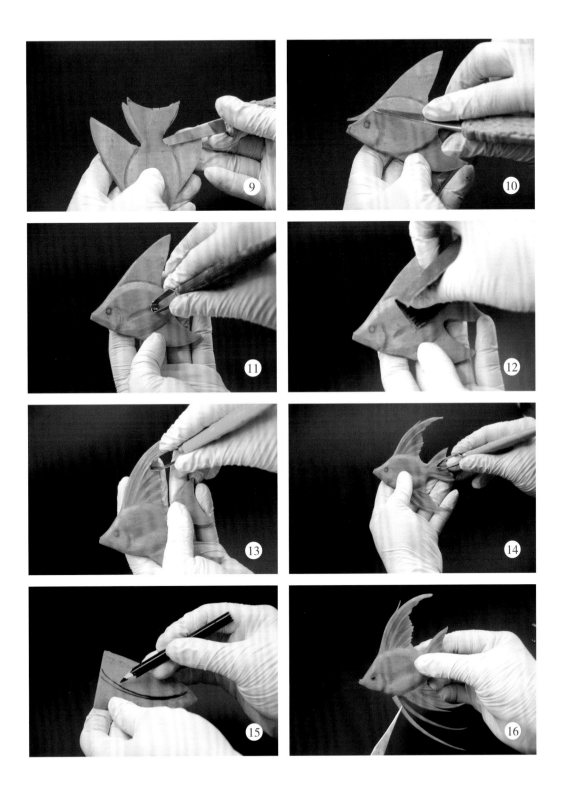

【雕刻底座】

用青萝卜、南瓜、心里美萝卜雕刻出浪花和珊瑚作为底座。

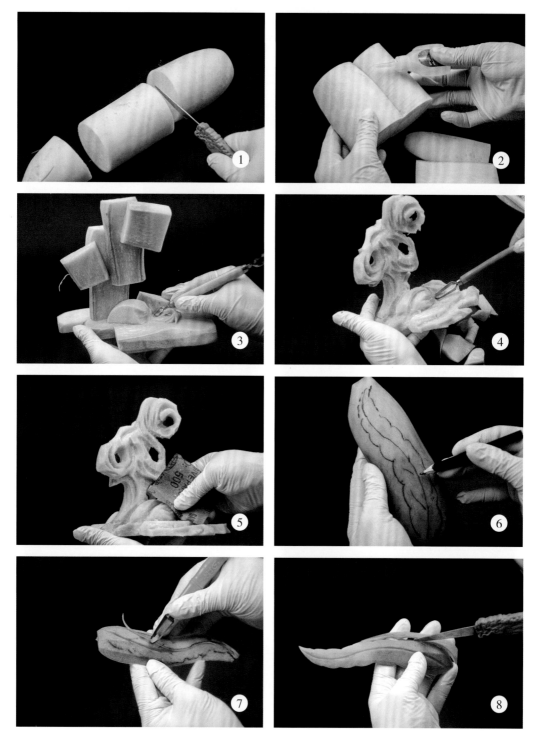

【作品组合】

将雕好的神仙鱼、浪花、珊瑚组合成型。

2. 创新组合运用

运用所雕刻的元素，搭配不同的装饰摆件，尝试拼摆出不同的盘饰造型。

四、任务评价

按照评价指标及分值，采取学生自评、小组互评、教师评价等形式，总结和反思工作任务完成情况。

雕刻项目完成情况评分标准

评价项目		评价标准	得分
工作过程	工作态度	态度端正、工作认真、主动学习，穿戴整洁规范	
	职业素质	能按照食品卫生规范要求开展任务，注重安全卫生与原料节约，与小组成员之间能合作交流，共同提高效率	
	工作质量	能准确掌握神仙鱼雕刻技法，鱼身纹理清晰，线条流畅，无明显刀痕，作品组合比例协调，色彩搭配合理	
	创新意识	能根据不同的原料，拼摆有创意的鱼类主题盘饰	
项目成果	工作效率	能按时完成学习任务	
	成果展示	能准确表达、汇报工作结果	
最终平均得分			

课后拓展

收集多种热带鱼的相关资料，并思考如何设计雕刻。

任务 4.2 虾雕刻盘饰制作

一、工作任务发布

某酒店承接了海鲜菜肴宴会接待任务，拟制作菜肴"白灼斑节虾"（如下图），为突出主题，要为该菜肴设计并制作装饰，请你帮助酒店食品雕刻师完成该工作。

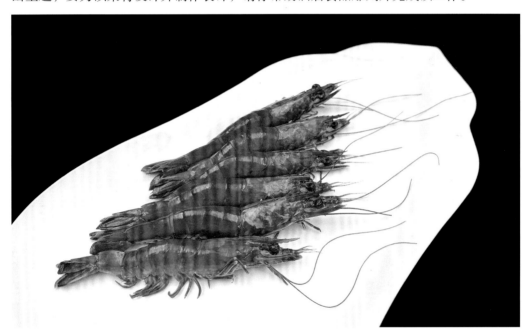

二、工作任务分析

虾的小知识

虾的种类很多，主要分为海水虾和淡水虾，包括青虾、河虾、草虾、小龙虾、对虾、明虾、基围虾、琵琶虾、龙虾等。其中，对虾是我国特产，因其个大，常成对出售而得名。

虾是游泳的能手，它游泳时泳足像木桨一样频频整齐地向后划水，身体就会向前驱动。受惊吓时，它的腹部敏捷地屈伸，尾部向下前方划水，能连续向后跃动，速度十分快。

【关键知识点】

（1）了解各种虾的生活习性和外观。

（2）掌握虾的形态，为求雕刻作品生动逼真，比例协调。

（3）熟练掌握雕刻的刀法，作品无明显刀痕。

【关键技能点】

（1）雕刻虾时，虾头要向上，虾身不要太直，要弯曲呈弓形，但不能雕刻成卷曲的形状。

（2）废料要去除干净利落、层次分明。

（3）虾的颚足可以雕刻得稍长些，泳足稍短。

三、任务实施

（一）课前导学

了解本学习任务，需要掌握虾主题盘饰的素材和原则，请先通过教材阅读、网络搜索、图书借阅等方式收集海鲜类盘饰的相关案例和图片。

引导问题

1. 虾盘饰一般包括哪些元素？

2. 常见的虾类品种有哪些？

（二）课中学习

【课堂准备】

着厨师装、检查操作台面卫生。

【原料准备】

胡萝卜、白萝卜、心里美萝卜、青萝卜。

【工具准备】

砧板、毛巾、构图笔、方碟、主刀、U 形刀、仿真眼、镊子、大切刀、拉刻刀、502 胶水。

1. 雕刻步骤

【雕刻虾】

①取两片厚 1.5 厘米、长 7 厘米的长方形胡萝卜，用 502 胶水拼接，用构图笔勾勒出虾身体的大致轮廓。

②用主刀沿着画线处去除多余的废料，然后雕刻出虾的背部曲线。

③在虾的头部雕刻出锯齿状的额剑。

④雕刻出虾的一对眼睛。

⑤用 U 形刀戳出眼睛前的护眼甲。

⑥用细线拉刻刀雕刻出虾头和虾身的体节。

⑦雕刻出虾头、胸和躯干部的颚足和泳足。

⑧把虾从原料上取下来，并安上虾须。

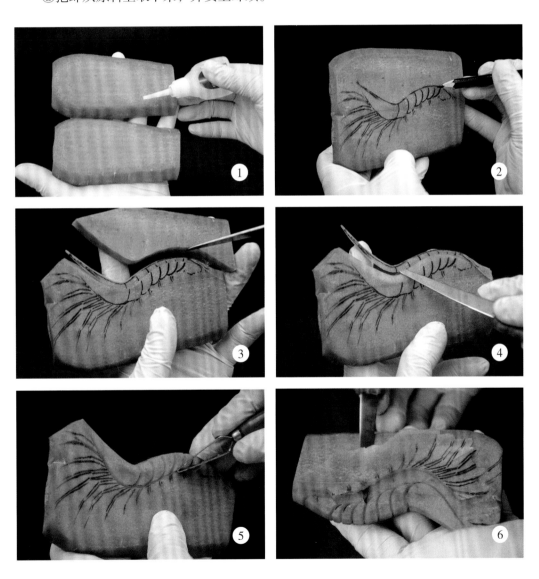

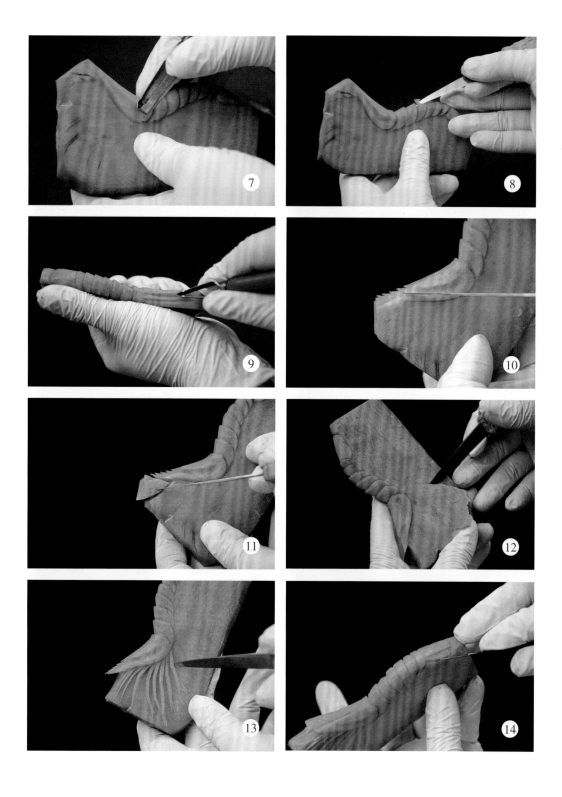

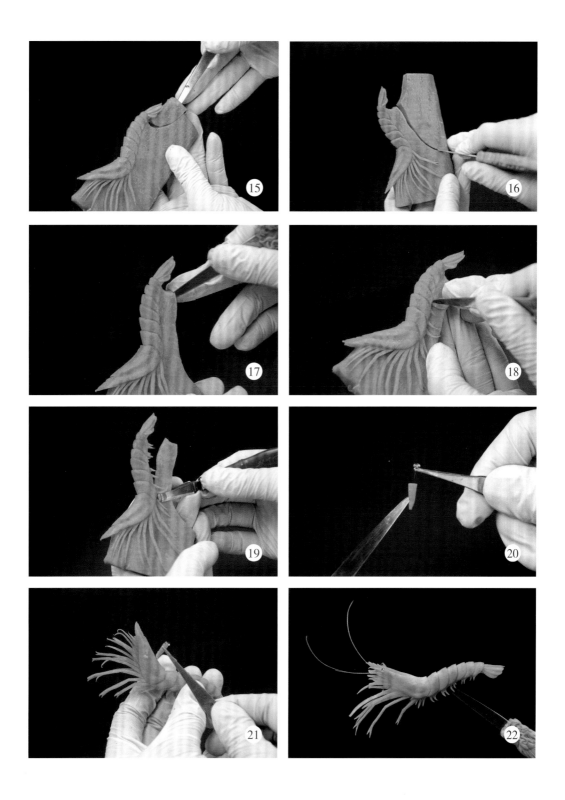

【雕刻底座】

取白萝卜雕刻珊瑚，青萝卜雕刻水草。

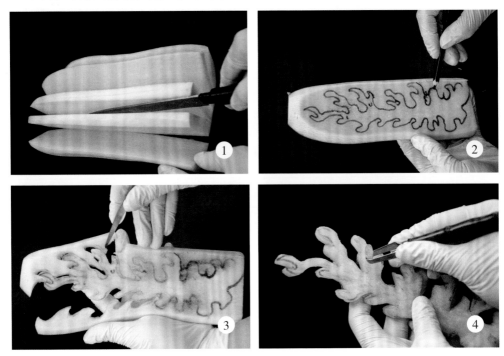

【作品组合】

将雕好的虾、珊瑚、水草组合成型。

2. 创新组合运用

运用所雕刻的元素，搭配不同的装饰摆件，尝试拼摆出不同的盘饰造型。

四、任务评价

按照评价指标及分值，采取学生自评、小组互评、教师评价等形式，总结和反思工作任务完成情况。

雕刻项目完成情况评分标准

评价项目		评价标准	得分
工作过程	工作态度	态度端正、工作认真、主动学习，穿戴整洁规范	
	职业素质	能按照食品卫生规范要求开展任务，注重安全卫生与原料节约，与小组成员之间能合作交流，共同提高效率	
	工作质量	能准确掌握虾雕刻技法，要求雕刻的虾身比例协调、虾身张弛有度有动态，虾须细长自然伸张有力	
	创新意识	能熟悉各种虾的雕刻技法，设计配饰合理添加组合制作有创意的虾主题的盘饰	
项目成果	工作效率	能按时完成学习任务	
	成果展示	能准确表达、汇报工作结果	
最终平均得分			

课后拓展

收集澳洲龙虾、沼虾、波士顿龙虾等不同的虾类品种，并思考如何设计雕刻。

任务 4.3　八爪鱼雕刻盘饰制作

一、工作任务发布

某酒店承担了海鲜菜肴宴会接待任务，拟制作菜肴"烟熏八爪鱼"（如下图），为突出主题，要为该菜肴设计并制作装饰，请你帮助酒店食品雕刻师完成该工作。

二、工作任务分析

八爪鱼小知识

八爪鱼，又名章鱼，是一种软体动物，从头足纲软体动物中进化而来的。身体一般很小，八条触手又细又长，故有"八爪鱼"之称。

八爪鱼的神经系统是无脊椎动物中最复杂、最高级的，包括中枢神经和周围神经两部分。它的感觉器官中最发达的是眼，眼不但很大，而且睁得圆鼓鼓的。眼睛的构造很复杂，前面有角膜，周围有巩膜，还有一个能与脊椎动物相媲美的发达的晶状体。此外，在眼睛的后面皮肤里有个不同寻常的小窝，专用于嗅觉管理的。

八爪鱼有八条感觉灵敏的触腕，每条触腕上有 300 多个吸盘，有高度的灵敏性，用来探察外界的动向。八爪鱼可以连续多次往外喷射墨汁，但八爪鱼的墨汁对人体不起毒害作用。八爪鱼在恐慌、激动、兴奋等情绪变化时，皮肤会改变颜色。

八爪鱼还是出色的"建筑家"。在他们喜欢栖息的地方，常有"八爪鱼城"出现，这些由石头筑成的"八爪鱼城"鳞次栉比，颇为壮观。

【关键知识点】

（1）了解八爪鱼的外观、习性等特点。

（2）熟悉八爪鱼的雕刻步骤，掌握快速去废料的方法。

（3）熟悉绘画的基本方法、构图清晰、定位准确。

【关键技能点】

（1）掌握八爪鱼的动感，雕刻成品生动自然。

（2）八只触须要求弯曲自然、动态形状不一。

（3）头部与触须的比例协调。

三、任务实施

（一）课前导学

了解本学习任务，需要掌握水族类主题盘饰的素材和原则，请先通过教材阅读、网络搜索、图书借阅等方式收集海鲜类盘饰的相关案例和图片。

> **引导问题**
>
> 1. 八爪鱼的品种有哪些？
>
> 2. 八爪鱼雕刻作品可以装饰哪些菜肴？

（二）课中学习

【课堂准备】

着厨师装，检查操作台面卫生。

【原料准备】

心里美萝卜、青萝卜、白萝卜、胡萝卜、面包糠。

【工具准备】

砧板、毛巾、构图笔、圆碟、木树根、U形拉刻刀、O形刀、U形戳刻刀、大切刀、主刀、拉刻刀、仿真眼、502胶水、砂纸。

1. 雕刻步骤

【雕刻八爪鱼】

①取一个胡萝卜切去三分之一的尾部，削出一头为椭圆形的八爪鱼头部。

②在头部下方三分之一的地方用拉刻刀挖出3个凹槽、并削出8个斜面，用砂纸

打磨光滑。

　　③用 O 形刀挖出两颗球形，然后安装仿真眼并整体修整光滑。

　　④剩下的胡萝卜原料切成四块斧头片、每片用构图笔画出触须，并雕刻成形，完成后用砂纸打磨，并修整边缘。

　　⑤用拉线刀雕刻出每条触须下端吸盘。

　　⑥触须用 502 胶水粘连在头部下方，组合并修整连接处，用砂纸打磨光滑。

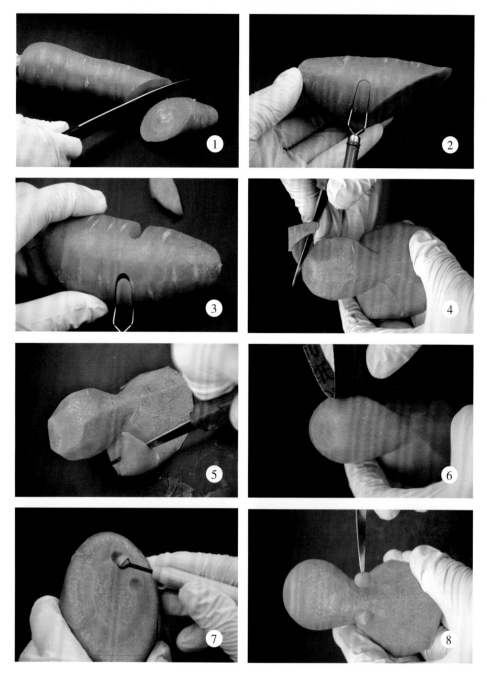

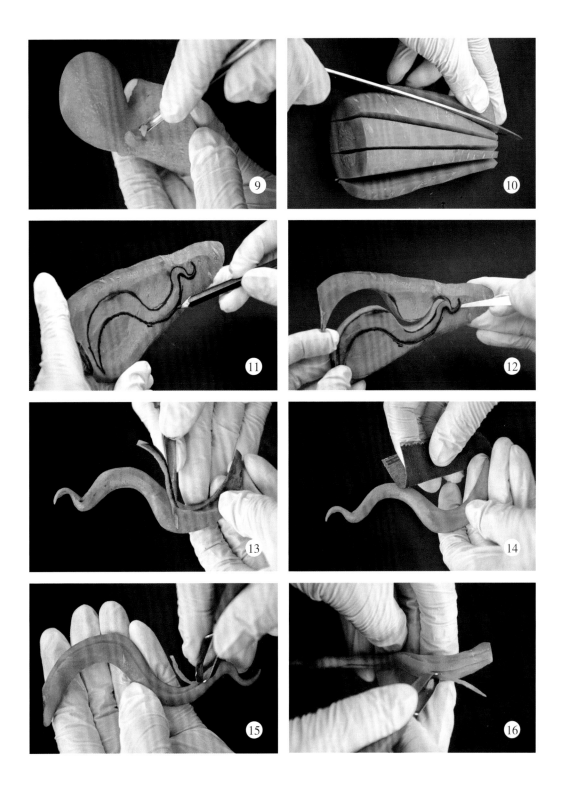

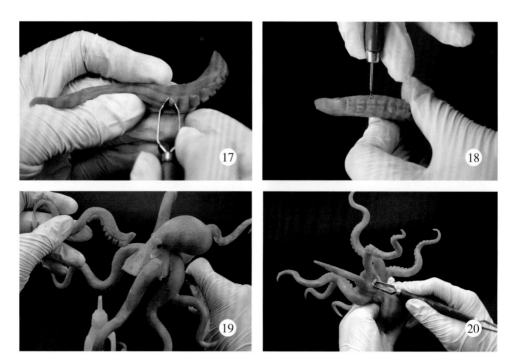

【作品组合成型】

将雕好的八爪鱼、水草、枝干组合，整理协调即可。

2.创新组合运用

运用所雕刻的元素，搭配不同的装饰摆件，尝试拼摆出不同的盘饰造型。

四、任务评价

按照评价指标及分值，采取学生自评、小组互评、教师评价等形式，总结和反思工作任务完成情况。

雕刻项目完成情况评分标准

评价项目		评价标准	得分
工作过程	工作态度	态度端正、工作认真、主动学习，穿戴整洁规范	
	职业素质	能按照食品卫生规范要求开展任务，注重安全卫生与原料节约，与小组成员之间能合作交流，共同提高效率	
	工作质量	能准确掌握八爪鱼雕刻技法，要求身体和触须比例协调、触须线条流畅自然、配饰搭配合理，成品光滑无刀痕	
	创新意识	能熟知八爪鱼动态（休息、游动、捕猎等），并拼摆有创意的八爪鱼主题盘饰	
项目成果	工作效率	能按时完成学习任务	
	成果展示	能准确表达、汇报工作结果	
最终平均得分			

课后拓展

收集八爪鱼的相关资料，并思考如何设计雕刻。

任务 4.4 海底世界组合雕刻展台制作

一、工作任务发布

　　某酒店承接了海鲜自助餐宴会接待任务，拟制作"海底世界"展台（如下图），为突出主题，要为该菜肴设计并制作装饰，请你帮助酒店食品雕刻师完成该工作。

二、工作任务分析

　　海底世界有身体晶莹剔透的水母、五彩斑斓的珊瑚、绚丽多彩的海葵、灵活的虾蟹、吞云吐雾的乌贼、古老的海龟、憨态可掬的海豹，更有聪明灵巧的海豚、巨大无比的鲸鱼、昂首挺胸的海马、色彩亮丽的海星、如离弦之箭的飞鱼等等。海洋植物是海洋世界的"肥沃草原"，是海洋中的鱼、虾、蟹、贝等动物的天然"牧场"。它们的色彩多种多样，有褐色、紫色、红色……它们的形态也各不相同。本次课程以丰富的资源可选性让学生充分发挥想象力，利用已学的水族类雕刻技能组合一幅"海底世界"作品。

【关键知识点】

（1）掌握海底世界（组合雕刻）技法及运用。

（2）雕刻的成品比例协调、形态逼真。

（3）组合作品主次分明、色彩搭配合理、中心要稳。

（4）熟悉绘画的基本方法、构图清晰、定位准确。

【关键技能点】

（1）鱼类与珊瑚水草底座之间的组合掌握好、不能出现断层现象，也不能太过密集。

（2）组合作品要求大小均匀逐层变化。深色品种在下方的观赏性强。

（3）出品能保证速度与质量。

三、任务实施

（一）课前导学

了解本学习任务，需要掌握水族类主题盘饰的素材和原则，请先通过教材阅读、网络搜索、图书借阅等方式收集海鲜类盘饰的相关案例和图片。

引导问题

> 1.海底世界组合包括哪些动植物元素？
>
> 2.海底世界雕刻作品可以怎样变化造型？

（二）课中学习

【课堂准备】

着厨师装，检查操作台面卫生。

【原料准备】

心里美萝卜、白萝卜、胡萝卜、青萝卜。

【工具准备】

砧板、毛巾、构图笔、方碟、主刀、拉刻刀、O形刀、镊子、U形拉刻刀、大切刀、砂纸、牙签、502胶水。

1.雕刻步骤

运用珊瑚、水草的雕刻方法，结合前面所学鱼类，以小组形式制作完成一组海底世界雕刻（造型、材料等可自主设计制作）。

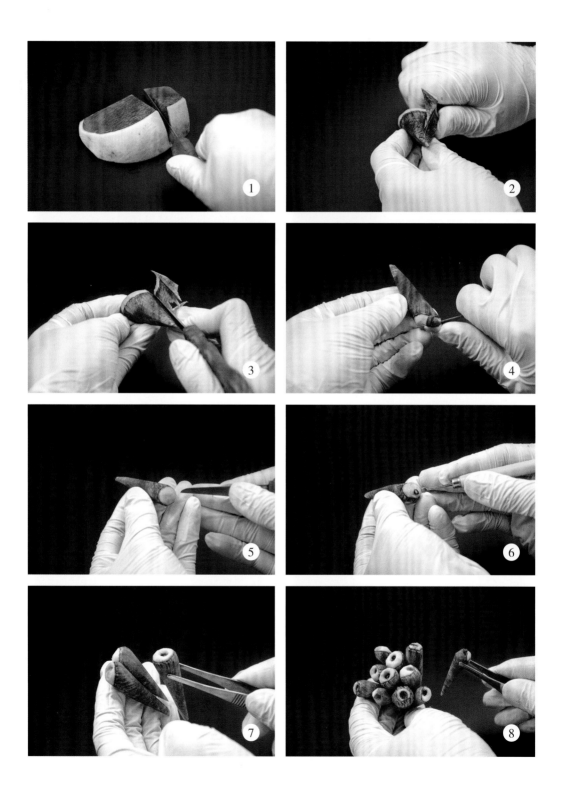

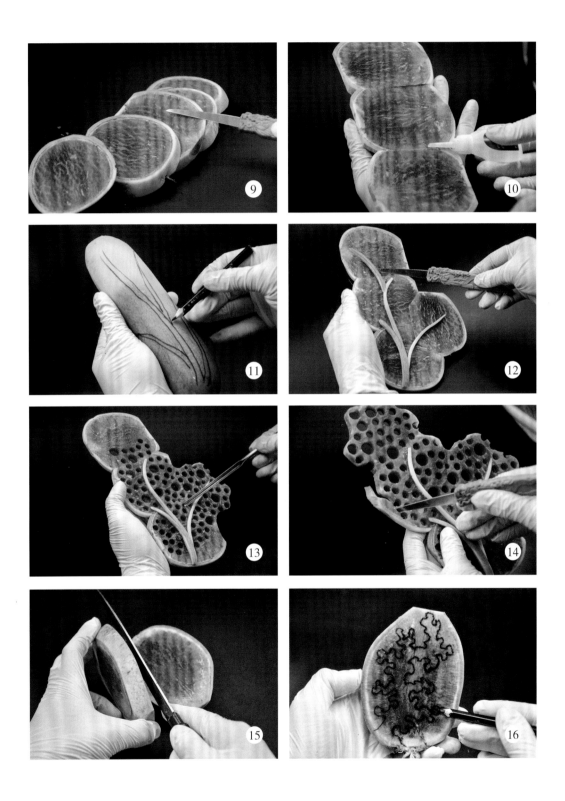

2. 创新组合运用

运用所雕刻的元素，搭配不同的装饰摆件，尝试拼摆出不同的盘饰造型。

四、任务评价

按照评价指标及分值，采取学生自评、小组互评、教师评价等形式，总结和反思工作任务完成情况。

雕刻项目完成情况评分标准

评价项目		评价标准	得分
工作过程	工作态度	态度端正、工作认真、主动学习，穿戴整洁规范	
	职业素质	能按照食品卫生规范要求开展任务，注重安全卫生与原料节约，与小组成员之间能合作交流，共同提高效率	
	工作质量	能掌握"海底世界"的组合雕刻技法，要求雕刻出的动植物比例协调，主次分明、成品高低错落有致，颜色搭配合理	
	创新意识	能了解海底生物的动态，使用不同的材料雕刻多种植物和动物，设计有创意的主题方案	
项目成果	工作效率	能按时完成学习任务	
	成果展示	能准确表达、汇报工作结果	
最终平均得分			

课后拓展

收集海底生物的相关资料，并思考如何设计雕刻。

项目五

建筑类雕刻

　　我国古建筑工艺是一项国人引以为傲的技术，塔、亭、桥等建筑工艺精湛，屹立千年不倒。本项目雕刻技巧是由木雕、玉雕、石雕等雕刻工艺制作演变而来，学习建筑类雕刻不仅是制作工艺的传承，更是中华优秀传统文化的传承，能让大家树立民族自豪感，致敬大国工匠精神。

　　古建筑多以对称为美，部位结构一般以横、平、竖、直的造型为主，雕刻时要熟知建筑的每个结构和构造。此项目对刀工要求较高，雕刻过程要求下刀精准、深浅一致。多观察多尝试才能更好地学好古建筑雕刻技艺。

　　每个任务点作品可单独作为菜肴装饰点缀，也可相互结合组成大型雕刻展台，整体造型多变。装饰菜肴和展台观赏都能更好地烘托宴席气氛。

项 目 目 标

知识目标
1. 掌握建筑的结构知识和传统寓意。
2. 掌握古代建筑雕刻的基本原则。
3. 掌握古代建筑雕刻与实际运用菜肴装饰。

能力目标
1. 掌握建筑类的组合雕刻手法。
2. 能独立完成设计和制作一个或一组古建筑雕刻作品。

素质目标
1. 训练学生巧妙构思，提高学生的创新创业的技能。
2. 在学习中领会传统制作工艺的精妙、致敬大国工匠精神。
3. 亲自雕刻装饰设计菜肴来获得认同感，建立信心，提升自身的专业能力及专业素养。

任务 5.1 宝塔雕刻制作

一、工作任务发布

某酒店承担了传统菜肴宴会接待任务，拟制作菜肴"宝塔肉"（如下图），为突出主题，要为该菜肴设计并制作装饰，请你帮助酒店食品雕刻师完成该工作。

二、工作任务分析

宝塔小知识

宝塔是传统佛教建筑物，原为葬佛舍利之所，后也用于藏经。因固有七宝装饰，称为宝塔，后为塔的美称。宝塔起源于印度，汉代时传入中国，并出现对应的汉字——塔。

中国宝塔是中印建筑艺术相结合的产物，外形上由最早的方形发展成了六角形、八角形、圆形等多种形状。由搭建的材料分，有木塔、砖塔等，甚至还有金塔、银塔、珍珠塔。中国宝塔的层数一般是单数，通常有五层到十三层。从外表造型和结构形式上，大体可以分为七种类型：楼阁式塔、密檐式塔、亭阁式塔、花塔、覆钵式塔、金刚宝座式塔、过街塔和塔门。中国著名的宝塔有大雁塔、雷峰塔、九镜塔、四门塔、净藏禅师塔等。

【关键知识点】

（1）掌握古代建筑雕刻的基本原则。

（2）掌握宝塔结构，使雕刻的宝塔比例协调。

（3）通过讲解和示教，掌握建筑类的组合雕刻手法，并实际运用于菜肴装饰。

【关键技能点】

（1）雕刻中层高的比例要协调，切不可某一层太高或太矮，导致比例不协调。

（2）塔身的栏杆是雕刻的难点，要注意粗细程度，取料时要小心，不能将栏杆一同取下。

（3）圆口刀雕刻窗户用旋的方法取料。

三、任务实施

（一）课前导学

了解本学习任务，需要掌握建筑类主题盘饰的素材和原则，请先通过教材阅读、网络搜索、图书借阅等方式收集建筑类盘饰的相关案例和图片。

引导问题

1. 宝塔盘饰一般包括哪些元素？

2. 中国历代宝塔的类型、作用、建筑风格各有什么不同？

（二）课中学习

【课堂准备】

着厨师装，检查操作台面卫生。

【原料准备】

白萝卜、青萝卜、胡萝卜。

【工具准备】

砧板、毛巾、构图笔、圆碟、主刀、拉刻刀、U形刀、502胶水。

1. 雕刻步骤

①选一根形状较直的胡萝卜，切平底部并在上面画出一个六边形。

②沿着底部六边形切出6个上小下大的斜边。

③用构图笔画线分层，再用方形拉刻刀拉出每层的间距。

④用主刀雕刻出每层之间的小隔层。

⑤用主刀雕刻出屋檐。

⑥雕刻出小葫芦并粘接在塔顶，接着用六边形拉刻刀拉出屋檐纹路。

⑦拉刻刀挖出大门，然后用 O 形拉刻刀挖出每层的窗户。

⑧用青萝卜等材料雕刻出假山、松树等，组合即可。

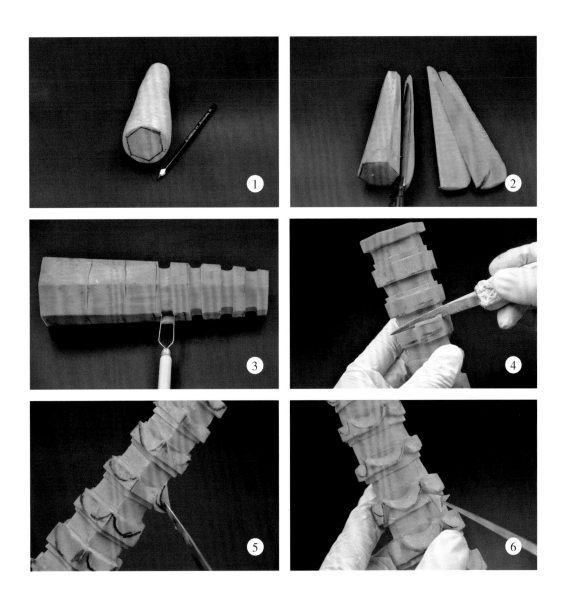

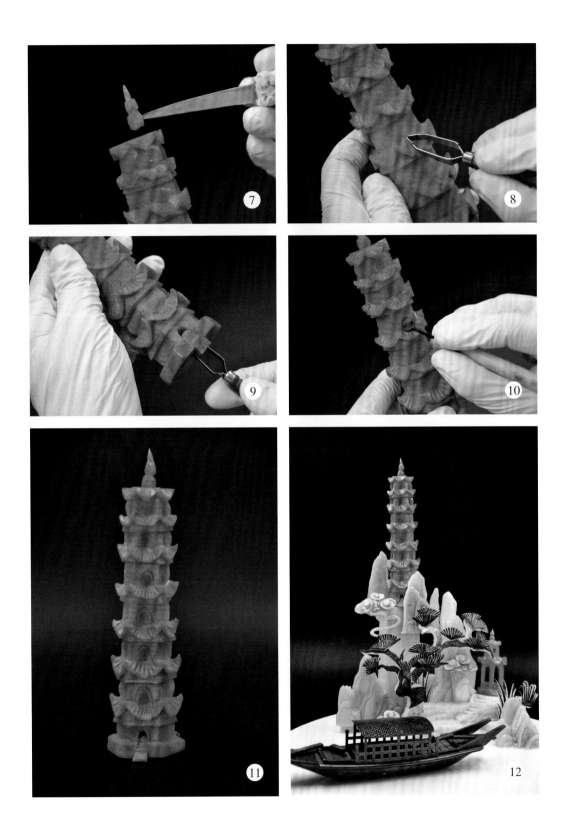

2. 创新组合运用

运用所雕刻的元素，搭配不同的装饰摆件，尝试拼摆出不同的盘饰造型。

四、任务评价

按照评价指标及分值，采取学生自评、小组互评、教师评价等形式，总结和反思工作任务完成情况。

雕刻项目完成情况评分标准

评价项目		评价标准	得分
工作过程	工作态度	态度端正、工作认真、主动学习，穿戴整洁规范	
	职业素质	能按照食品卫生规范要求开展任务，注重安全卫生与原料节约，与小组成员之间能合作交流，共同提高效率	
	工作质量	能准确掌握建筑雕刻技法，要求成品比例协调	
	创新意识	能了解不同朝代宝塔形态，并拼摆有创意的宝塔主题盘饰	
项目成果	工作效率	能按时完成学习任务	
	成果展示	能准确表达、汇报工作结果	
最终平均得分			

课后拓展

收集相关不同朝代类型的塔，并思考如何设计雕刻。

任务 5.2 凉亭雕刻制作

一、工作任务发布

某酒店承担了传统菜肴宴会接待任务，拟制作菜肴"无锡排骨"（如下图），为突出以苏州园林为主题的菜肴（排骨为假山，雕刻凉亭装饰组合），要为该菜肴设计并制作装饰，请你帮助酒店食品雕刻师完成该工作。

二、工作任务分析

凉亭小知识

凉亭是一种中国传统建筑，源于周朝，多建于园林、佛寺、庙宇之内，是盖在路旁或花园里供人休息、避雨、乘凉或观景用的建筑物，面积较小，大多只有顶，没有墙，顶部可分为六角、八角、圆形等形状。因为造型轻巧，选材不拘，布设灵活而被广泛应用在园林建筑之中。

园林是建筑的艺术，所以园中之亭很讲究艺术形式。亭在园林景观中往往是个"亮点"，起到画龙点睛的作用。从形式来说也十分美丽而多样。《园冶》中说，亭"造式无定，自三角、四角、五角、梅花、六角、横圭、八角到十字，随意合宜则制，惟地图可略式也"。

【关键知识点】

（1）掌握不同朝代古建筑凉亭的文化寓意及实用价值。

（2）掌握凉亭结构的比例。

（3）了解凉亭古代建筑类的组合雕刻手法，实际运用于菜肴装饰。

【关键技能点】

（1）亭子的6个面要修均匀。

（2）雕刻时下刀不要过深，以免损坏材料，影响后续雕刻。

（3）雕刻柱子的时候下刀要准，要将废料取干净，同时不能伤害亭子的柱子。

三、任务实施

（一）课前导学

了解本学习任务，需要掌握建筑类主题盘饰的素材和原则，请先通过教材阅读、网络搜索、图书借阅等方式收集建筑类盘饰的相关案例和图片。

引导问题

1. 凉亭盘饰一般包括哪些元素？

2. 凉亭雕刻作品可以装饰哪些菜肴？

（二）课中学习

【课堂准备】

着厨师装，检查操作台面卫生。

【原料准备】

胡萝卜、青萝卜、西瓜皮。

【工具准备】

砧板、毛巾、构图笔、圆碟、大切刀、主刀、拉刻刀、502胶水。

1. **雕刻步骤**

①取一段长约8厘米的红萝卜底部切平，并用构图笔画出一个六边形。

②切出亭子的6个面。

③取高度的三分之一位置画出上层位置，下刀切出一个小六边形。

④主刀雕刻6个面的屋檐，屋檐呈弧形雕刻出檐角上翘的效果。

⑤在屋檐下方原料上取出一块长方形的凹料做成镂空效果。

⑥雕刻一个小葫芦粘接在顶端中间位置。

⑦同样的手法将下层6个面全部取出来，以便雕刻柱子。

⑧将6个面的长方形料连通，取出废料，形成亭子的柱子。

⑨最后雕刻出亭子的台阶。

⑩用青萝卜雕刻假山做底座，组合即可。

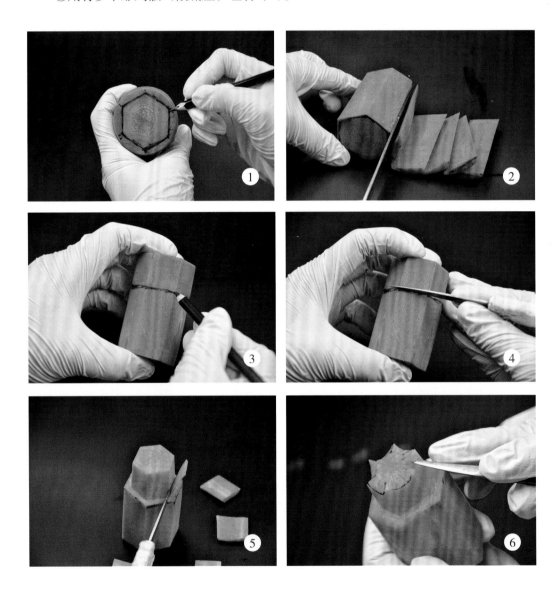

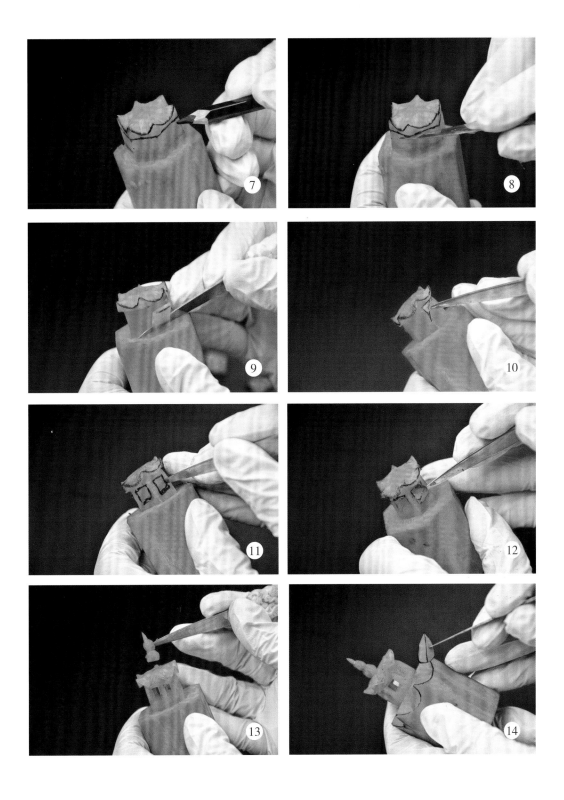

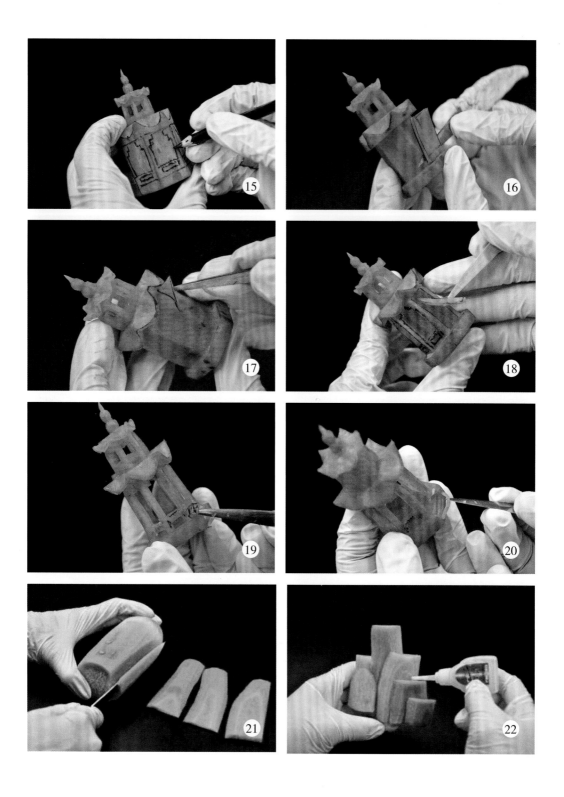

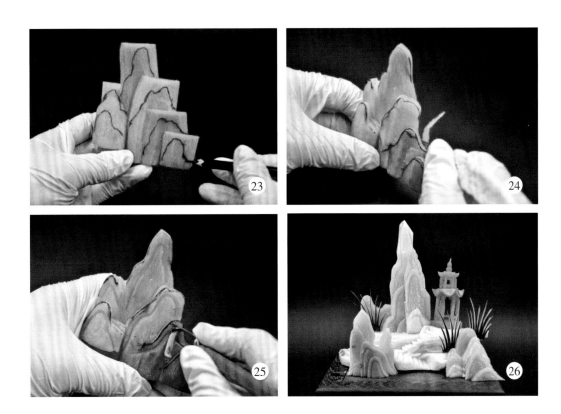

2. 创新组合运用

运用所雕刻的元素，搭配不同的装饰摆件，尝试拼摆出不同的盘饰造型。

四、任务评价

按照评价指标及分值，采取学生自评、小组互评、教师评价等形式，总结和反思工作任务完成情况。

雕刻项目完成情况评分标准

评价项目		评价标准	得分
工作过程	工作态度	态度端正、工作认真、主动学习，穿戴整洁规范	
	职业素质	能按照食品卫生规范要求开展任务，注重安全卫生与原料节约，与小组成员之间能合作交流，共同提高效率	
	工作质量	能准确掌握凉亭雕刻技法，下刀精准，无明显刀痕，成品比例协调、还原度高	
	创新意识	能了解每个历朝历代凉亭的形态、作用，并拼摆有创意的凉亭主题盘饰	
项目成果	工作效率	能按时完成学习任务	
	成果展示	能准确表达、汇报工作结果	
最终平均得分			

课后拓展

　　收集有关凉亭的各种造型参考学习，并思考如何设计雕刻。

任务 5.3　桥梁雕刻制作

一、工作任务发布

某酒店承担了传统菜肴宴会接待任务，拟制作菜肴"过桥鱼片"（如下图），为突出主题，要为该菜肴设计并制作装饰，请你帮助酒店食品雕刻师完成该工作。

二、工作任务分析

桥梁小知识

　　桥是一种架空的人造通道。由上部结构和下部结构组成。上部结构包括桥身和桥面；下部结构包括桥墩、桥台和基础。它们高悬低卧，形态万千，有的雄踞山峦野岭，古朴雅致；有的跨越岩壑溪间，为山川增辉；有的坐落闹市通衢，造型奇巧。不论风吹雨淋，还是酷暑严冬，它们总是默默无闻地为广大的行人、车马跨江过河服务。

续表

桥梁小知识
我国地大物博，山河奇秀，南北地质地貌差异较大，因此对建桥的技术要求也很高。大约在汉代时，就产生了桥梁的四种基本桥型：梁桥、浮桥、索桥、拱桥。这四种桥型根据建筑材料和构造形式的不同，又分别演化出各种形式的桥。 　　拱桥指的是在竖直平面内以拱作为结构主要承重构件的桥梁。拱桥的造型优美，曲线圆润，富有动态感。单拱的如北京颐和园玉带桥，拱券呈抛物线形，桥身以汉白玉为原料，桥形如垂虹卧波。多孔拱桥适用于跨度较大的宽广水面，常见的多为三孔、五孔、七孔，著名的颐和园十七孔桥，长约150米，宽约6.6米，连接南湖岛，丰富了昆明湖的层次，成为万寿山的对景。

【关键知识点】

（1）掌握砖制结构的雕刻方式，合理布局。

（2）古建筑以对称为美，注意桥梁的护栏雕刻要两边对称。

（3）桥体阶梯要雕刻整齐对称，去除废料。

（4）掌握建筑类的组合雕刻手法，实际运用于菜肴装饰。

【关键技能点】

（1）取料时，桥一定要呈等腰梯形，桥面要平整。

（2）雕刻楼梯时两刀交叉呈90°。

（3）桥墩上的砖块纹路要清晰。

三、任务实施

（一）课前导学

　　了解本学习任务，需要掌握建筑类主题盘饰的素材和原则，请先通过教材阅读、网络搜索、图书借阅等方式收集建筑类盘饰的相关案例和图片。

引导问题

　　1. 桥的盘饰一般包括哪些元素？

　　2. 桥雕刻作品可以装饰哪些菜肴？

（二）课中学习

【课堂准备】

着厨师装，检查操作台面卫生。

【原料准备】

红薯、紫薯、青萝卜、西瓜皮。

【工具准备】

砧板、毛巾、构图笔、圆碟、大切刀、拉刻刀、主刀、502胶水。

1. 雕刻步骤

①取一段胡萝卜削皮，切成长方形，用构图笔画出桥的大致轮廓。

②沿着画线处将其修成等弧形拱桥粗坯。

③在弧面两侧切出护栏大致轮廓。

④用主刀和拉刻刀去除两侧护栏中间的废料使护栏高于台阶。

⑤依次雕刻出对称的台阶。

⑥雕刻出围栏细节。

⑦雕刻出桥身两侧石块纹理，再用胡萝卜削成圆点状，粘于围栏上，用以点缀围栏。

⑧用青萝卜、紫薯、冬瓜皮雕刻岸边装饰即可。

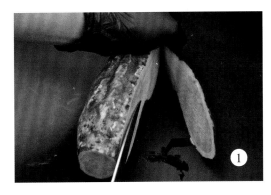
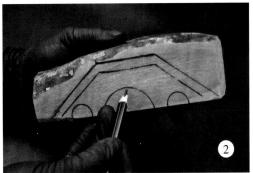

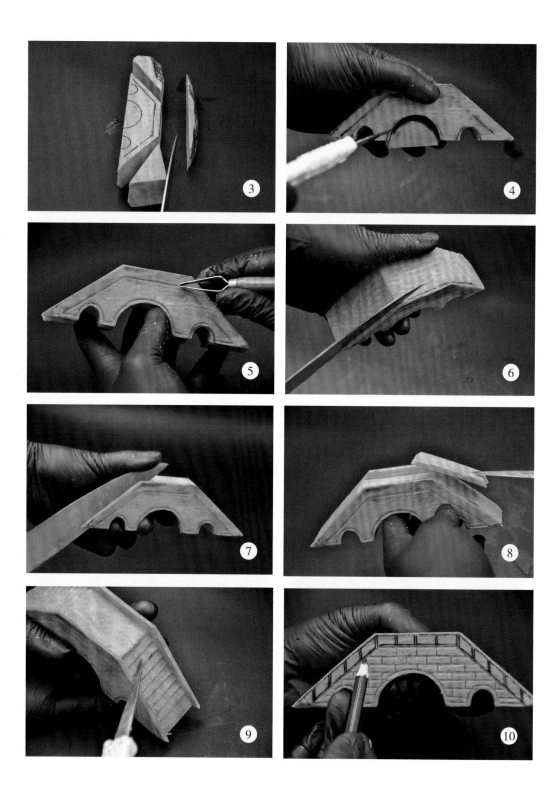

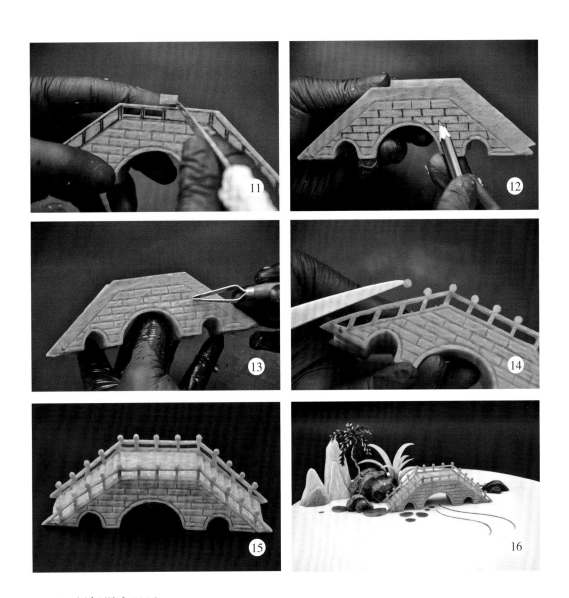

2. 创新组合运用

运用所雕刻的元素，搭配不同的装饰摆件，尝试拼摆出不同的盘饰造型。

四、任务评价

按照评价指标及分值，采取学生自评、小组互评、教师评价等形式，总结和反思工作任务完成情况。

雕刻项目完成情况评分标准

评价项目		评价标准	得分
工作过程	工作态度	态度端正、工作认真、主动学习，穿戴整洁规范	
	职业素质	能按照食品卫生规范要求开展任务，注重安全卫生与原料节约，与小组成员之间能合作交流，共同提高效率	
	工作质量	能准确掌握木桥、石桥、砖桥等雕刻技法，成品要求刀工精准、下刀深浅一致、对称整齐划一、比例协调	
	创新意识	能了解不同结构桥的形态及寓意，并拼摆有创意的桥主题盘饰	
项目成果	工作效率	能按时完成学习任务	
	成果展示	能准确表达、汇报工作结果	
最终平均得分			

课后拓展

收集建筑类古籍资料，并思考如何设计雕刻。

任务 5.4　古建筑组合展台制作

一、工作任务发布

某酒店承担了传统菜肴宴会接待任务，拟制作大型展台"湖光山色"（如下图），为突出主题，请为该菜肴设计并制作装饰，帮助酒店食品雕刻师完成该工作。

二、工作任务分析

【关键知识点】

（1）掌握湖光山色（组合雕刻）的雕刻方法、组合方法。

（2）要求整体造型的比例协调、高低错落有致。

【关键技能点】

（1）宝塔、凉亭、小桥、假山、树木等比例大小要协调、颜色搭配要合理。

（2）构图清晰、重心稳定、要与现实贴近（造型可多变，可自主创新）。

三、任务实施

(一) 课前导学

了解本学习任务，需要掌握建筑类组合主题展台的素材和原则，请先通过教材阅读、网络搜索、图书借阅等方式收集建筑类展台的相关案例和图片。

引导问题

1. 建筑组合雕刻一般包括哪些元素？

2. 建筑组合雕刻作品可以做哪些主题展台？

(二) 课中学习

【课堂准备】

着厨师装、检查操作台面卫生。

【原料准备】

南瓜、胡萝卜、青萝卜、白萝卜、西瓜皮、心里美萝卜等。

【工具准备】

砧板、盛水器皿、毛巾、构图笔、圆碟、主刀、拉刻刀、砂纸、U形拉刻刀、方形拉刻刀、502胶水。

1. 雕刻步骤

①利用之前所学的宝塔、凉亭、小桥的雕刻方法，雕刻好作品、进行组合搭配。

②老师示范假山的雕刻方法，可自由变换组合。

③学生自主设计雕刻，教师指导点评。

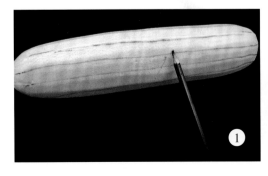
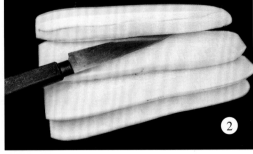

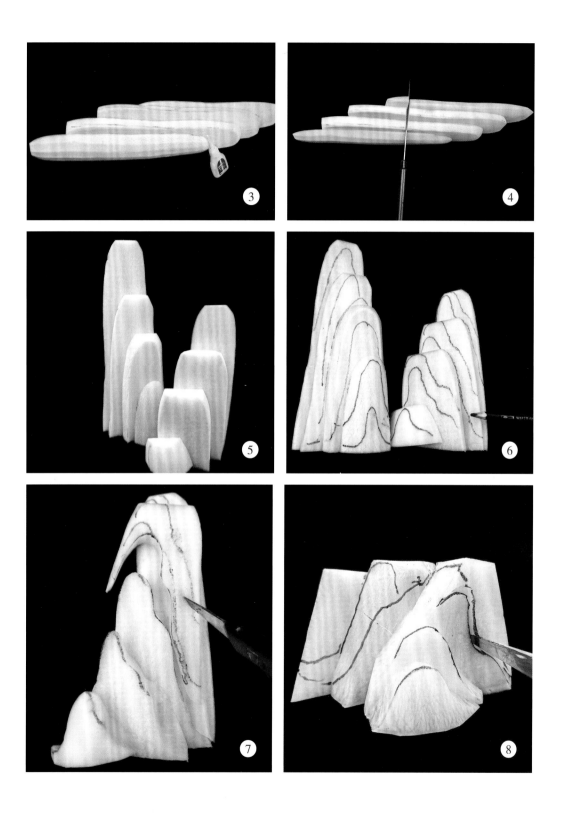

2. 创新组合运用

运用所雕刻的元素，搭配不同的装饰摆件，尝试拼摆出不同的盘饰造型。

四、任务评价

按照评价指标及分值，采取学生自评、小组互评、教师评价等形式，总结和反思工作任务完成情况。

雕刻项目完成情况评分标准

评价项目		评价标准	得分
工作过程	工作态度	态度端正、工作认真、主动学习，穿戴整洁规范	
	职业素质	能按照食品卫生规范要求开展任务，注重安全卫生与原料节约，与小组成员之间能合作交流，共同提高效率	
	工作质量	能准确掌握建筑组合雕刻技法，要求严格按照古建筑原则雕刻，刀工整齐划一无明显刀痕，各项建筑组合比例协调、高低错落有致、层次感强，还原度高	
	创新意识	能在遵守古建筑雕刻原则上，拼摆有创意的组合建筑主题展台	
项目成果	工作效率	能按时完成学习任务	
	成果展示	能准确表达、汇报工作结果	
最终平均得分			

课后拓展

收集古建筑的相关资料，并思考如何设计雕刻。

项目六

禽鸟类雕刻

项目导读

禽鸟自古以来就深受人们的喜爱，被赋予吉祥如意、幸福美满的美好寓意，上可追溯至新石器时代彩陶上的图腾，下可见于现代日常生活中的各种生活用品图案装饰，尤其体现在传统工艺品制作上，如玉雕、木雕、石雕、服装设计、工笔花鸟画等。我们通过果蔬雕刻的方式传承雕刻技艺，弘扬优秀传统文化。

项目中的任务分布由小型鸟类—中型鸟类—大型鸟类，雕刻技法难度逐层递进，雕刻手法环环相扣。这样的学习方式更容易掌握雕刻技法。同学们在生活中要注意多观察鸟类的形态、动态、神态，了解其生活习性，学会绘画设计构图，颜色搭配等点缀方法，才能更好地制作出逼真的禽鸟类雕刻作品。

本项目中以乔迁宴、婚宴、寿宴、升学宴、民族特色宴为主题的雕刻展台，以任务发布方式学习，上课如上岗。同学们可发挥主观能动性，将任务内容组合成多样灵活的创意设计作品。

项目目标

知识目标　通过学习能够了解禽鸟类动物的文化寓意、形态特征。

能力目标　宴席展台设计及制作能力。

1.培养学生相互协作的意识。

2.培养学生巧妙构思的能力，提升审美能力。

素质目标

3.学生在自主学习中领会创意雕刻设计的精妙，培养精益求精的工匠精神。

4.学生通过亲自设计雕刻装饰设计菜肴来获得认同感，建立信心，提升自身的专业能力及专业素养。

任务 6.1　喜鹊雕刻制作

一、工作任务发布

某酒店承担了乔迁宴会接待任务，拟制作主桌菜肴装饰"喜上眉梢"如下图，为突出主题，要为宴席展台设计方案并制作作品，请你帮助酒店食品雕刻师完成该工作。

二、工作任务分析

鸟的小知识

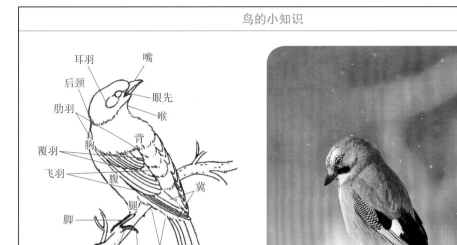

　　鸟类是自然界常见的生物，是人类的朋友。目前，全世界所知的鸟类有 9000 多种，中国记载的有 1300 多种。鸟是两足、恒温、卵生的脊椎动物，身披羽毛，前肢演化成翅膀，有坚硬的喙。鸟的体形大小不一，产于古巴的吸蜜蜂鸟的体长只有 5 厘米左右，其中喙和尾部约占一半，是世界上体形最小的鸟类。世界上体型最大的鸟类是生活在非洲和阿拉伯地区的非洲鸵鸟。

　　鸟类生性活泼，常被赋予灵巧、聪颖的含义，自古以来就深受人们的喜欢。由于大多数鸟类体态优美，线条流畅，有绚丽的羽毛，婉转的歌喉，灵动的姿态，且寓意吉祥，因此禽鸟雕刻在食品雕刻中占据着举足轻重的地位，是食品雕刻中最常用和最爱用的一类雕刻题材，也是学习食品雕刻的必修内容。

【关键知识点】

（1）掌握鸟类最基本的特征和基本形态。

（2）通过喜鹊的讲解和示教，要求学生掌握禽鸟的雕刻手法，实际运用于菜肴装饰。

【关键技能点】

（1）在原料上确定喜鹊形态时可以借鉴中国画中画鸟的方法。雕刻前，应先在纸上画一下喜鹊，其头和身体可以看成是两个椭圆形。

（2）熟悉对喜鹊的形态特征，以及翅膀、尾部的结构。喜鹊嘴短、尖，头圆，颈部较短，尾部为长形尾，尾部的长度是身体长度的 2 倍。雕刻要求喜鹊各个部位的比例恰当，爪子细小有骨感。

（3）喜鹊的尾巴和翅膀可以单独雕刻好，然后再粘起来，这样喜鹊的姿态变化就比较灵活。

（4）雕刻要刀法熟练、准确，作品刀痕少。对于前面所学的鸟的各部位的雕刻要认真练习，熟练掌握。喜鹊机灵的动态要尽可能表现出来。

三、任务实施

（一）课前导学

了解本学习任务，需要掌握喜鹊盘饰的素材和原则，请先通过教材阅读、网络搜索、图书借阅等方式收集喜鹊盘饰的相关案例和图片。

引导问题

1. 喜鹊的盘饰一般包括哪些元素？
2. 喜鹊雕刻作品可以装饰哪些菜肴？

（二）课中学习

【课堂准备】

着厨师装，检查操作台面卫生。

【原料准备】

胡萝卜、黄小米、心里美萝卜、青萝卜。

【工具准备】

砧板、毛巾、构图笔、圆碟、拉刻刀、U形拉刻刀、U形戳刀、砂纸、仿真眼、主刀、502胶水。

1.雕刻步骤

【确定喜鹊的姿态和整体形态】

（1）取一段胡萝卜把一端切成楔形（斧棱形），用502胶水粘接在另外一个萝卜上，并在原料上画出喜鹊的形态。

（2）从画线处开始下刀，雕刻出喜鹊头、颈部的整体大致外形轮廓。

【雕刻喜鹊的嘴部】

（1）雕刻出三角形的鸟嘴，用砂纸打磨使鸟嘴成棱形。

（2）戳出鸟嘴的嘴角线、嘴角。

（3）用小号 U 形戳刀雕刻出鸟眼睛。

【雕刻喜鹊的躯干】

根据鸟躯干的形状主刀修整棱角，用大号拉刻刀拉出喜鹊的后脑、翅膀的大致造型，修整外形后用砂纸打磨光滑。

【雕刻喜鹊的翅膀】

（1）雕刻展开的翅膀。

①大号拉刻刀拉出翅膀外形。

②六边形拉刻刀拉出初羽细绒毛。

③用构图笔画出腹羽、飞羽，再用主刀雕刻复羽、飞羽。

（2）雕刻收拢的翅膀。

①取两块胡萝卜厚片用 502 胶水粘连一起，用构图笔画出翅膀大形并修整出来。

②用主刀依次雕刻初羽、复羽、飞羽。

③相同方法雕刻翅膀内侧。

【雕刻喜鹊的尾部】

（1）取一胡萝卜片用构图笔画出尾部。

（2）沿着画线处雕刻出尾部羽毛的形状。

（3）用拉线刀细化羽毛纹理。

【雕刻喜鹊的腿爪部】

（1）取一段长 6 厘米、厚 2 厘米、宽 4 厘米的胡萝卜片用构图笔画出鸟爪的大形。

（2）按照画线位置依次雕刻出雏形。

（3）再用主刀细化每个关节。

【作品组合】

①把雕刻好的喜鹊各部位组合在一起，给喜鹊安装上仿真眼，组合成一只完整的喜鹊。

②用心里美萝卜雕刻梅花、多肉植物、枯木组合成底座，安装上喜鹊即可。

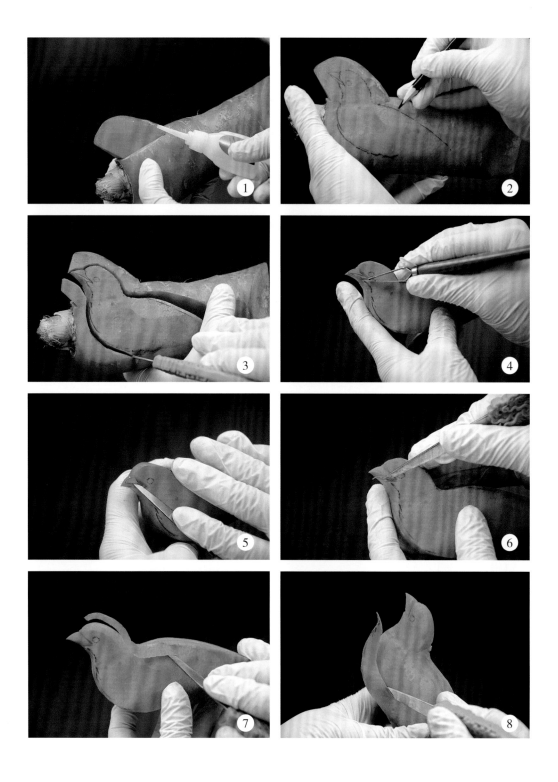

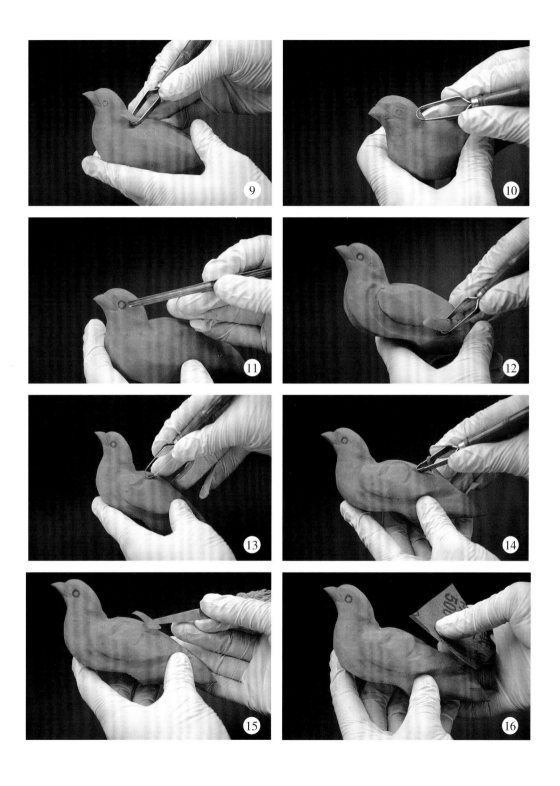

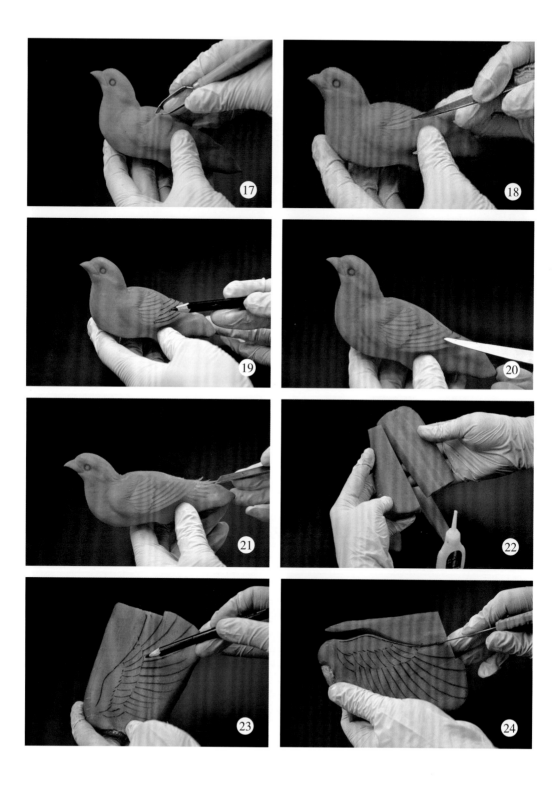

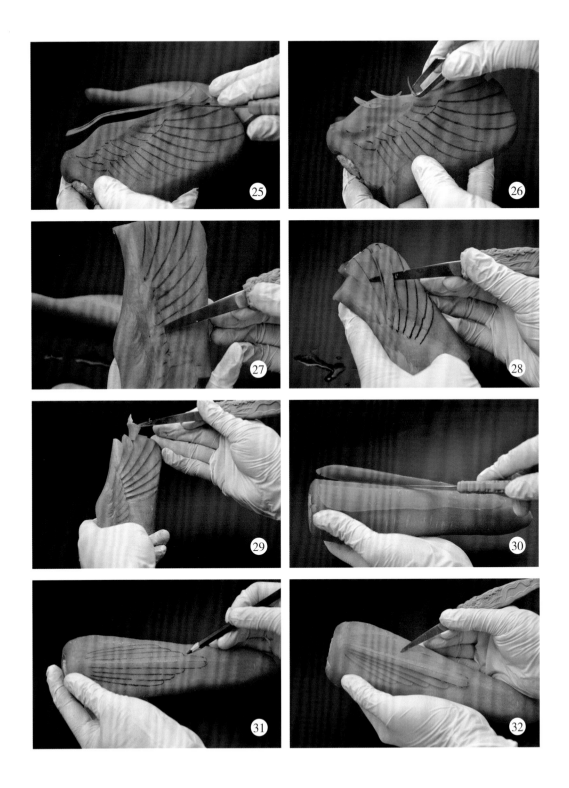

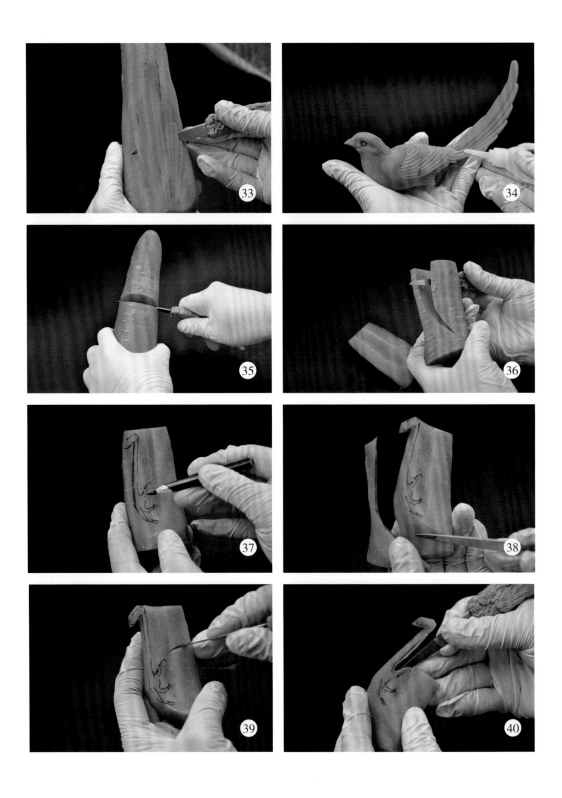

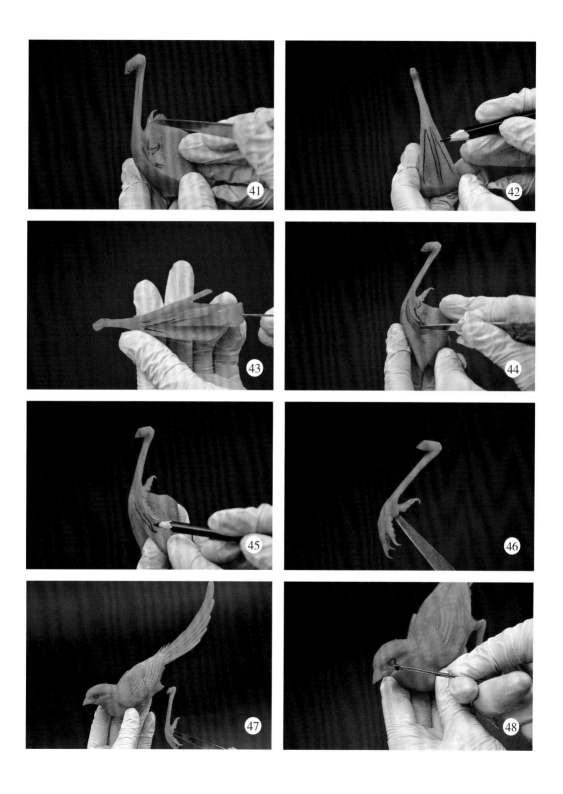

(49)

2. 创新组合运用

运用所雕刻的元素，搭配不同的装饰摆件，尝试拼摆出不同的盘饰造型。

四、任务评价

按照评价指标及分值，采取学生自评、小组互评、教师评价等形式，总结和反思工作任务完成情况。

雕刻项目完成情况评分标准

评价项目		评价标准	得分
工作过程	工作态度	态度端正、工作认真、主动学习，穿戴整洁规范	
	职业素质	能按照食品卫生规范要求开展任务，注重安全卫生与原料节约，与小组成员之间能合作交流，共同提高效率	
	工作质量	能准确掌握喜鹊雕刻技法，身形灵动，刀工精细，整体比例协调	
	创新意识	能了解喜鹊的动态，形态，并拼摆有创意的喜鹊主题装饰	
项目成果	工作效率	能按时完成学习任务	
	成果展示	能准确表达、汇报工作结果	
最终平均得分			

课后拓展

收集其他鸟类图片和雕刻方法，并思考如何设计雕刻

任务 6.2　天鹅雕刻制作

一、工作任务发布

某酒店承担了婚宴接待任务，拟制作主桌展台"心心相印"（如下图），为突出主题，要为宴席展台设计方案并制作作品，请你帮助酒店食品雕刻师完成该工作。

二、工作任务分析

天鹅小知识
天鹅是大型水禽。成年个体体长约 1.5 米，颈部与体躯等长或较长；嘴基部高而前端缓平，嘴甲位于嘴端的正中间，而不占着嘴端的全部；成体眼腺裸露；鼻孔椭圆，位于近嘴基；第 1 枚初级飞羽的长度约为第 2 枚的一半，和第 3 枚几乎等长；尾短而稍圆，尾羽 20～24 枚，跗跖短而粗壮，位于身体的后部，跗跖前缘被以网鳞；趾强大，后趾具蹼膜。两性同色，或雌体稍淡（如黑天鹅）。幼鸟大都褐色。

续表

天鹅小知识

天鹅是一种冬候鸟，喜欢群栖在湖泊和沼泽地带，主要以水生植物为食。

在中国，每年三四月，它们大群地从南方飞向北方，在中国北部边疆地区产卵繁殖。5 月间产下 2～3 枚卵。到了 10 月，它们就会结队南迁。在南方气候较温暖的地方越冬。

天鹅是飞高冠军，飞行高度可达 9 千米，能飞越世界最高山峰——珠穆朗玛峰。

天鹅的羽色洁白，体态优美，广受人们喜爱。因此人们把白色的天鹅作为纯洁、忠诚、高贵的象征。

【关键知识点】

（1）了解天鹅的传统寓意，掌握天鹅的基本形态、动态和生活习性。

（2）掌握组合雕刻的方法。

【关键技能点】

（1）合理搭配天鹅和底座、荷叶配饰等。

（2）成品比例大小要协调、颜色搭配要合理、整体造型高低错落有致。

（3）成品构图清晰，重心稳定，可自主创意，造型不拘一格。

三、任务实施

（一）课前导学

了解本学习任务，需要掌握婚宴主题展台的素材和原则，请先通过教材阅读、网络搜索、图书借阅等方式收集婚宴展台的相关案例和图片。

引导问题

1.婚宴组合一般包括哪些元素？

2.婚宴雕刻作品还可以有哪些更好的创意？

（二）课中学习

【课堂准备】

着厨师装，检查操作台面卫生。

【原料准备】

胡萝卜、青萝卜、白萝卜、黄小米、粉色素、冬瓜皮。

【工具准备】

砧板、毛巾、构图笔、圆碟、主刀、U形戳刀、砂纸、镊子、牙签、仿真眼、拉刻刀、502胶水。

1. 雕刻步骤

①取白萝卜去皮，切成两块斧棱形，用502胶水粘接成天鹅粗坯。

②用构图笔画出天鹅身体外轮廓，然后用U形戳刀和主刀取出大致外形，修整外形并用砂纸打磨光滑。

③取一斧棱形胡萝卜用502胶水粘接在头部，并雕刻出天鹅的嘴。

④用青萝卜雕刻出几块复羽、飞羽，组合成翅膀，将雕刻的翅膀粘在天鹅身体上。

⑤先用构图笔在胡萝卜上画出天鹅的脚，再雕刻出两只脚。

⑥将雕刻好的羽毛用502胶水粘连在尾部。

⑦组合成完整的一只天鹅。

⑧用同样方法雕刻另一只翅膀收拢的天鹅。

⑨用南瓜雕刻出石头，作为支撑主体。

⑩用白萝卜雕刻出荷花，用冬瓜皮雕刻出小荷叶作装饰。

⑪最后雕刻出的成品全部组合成形即可。

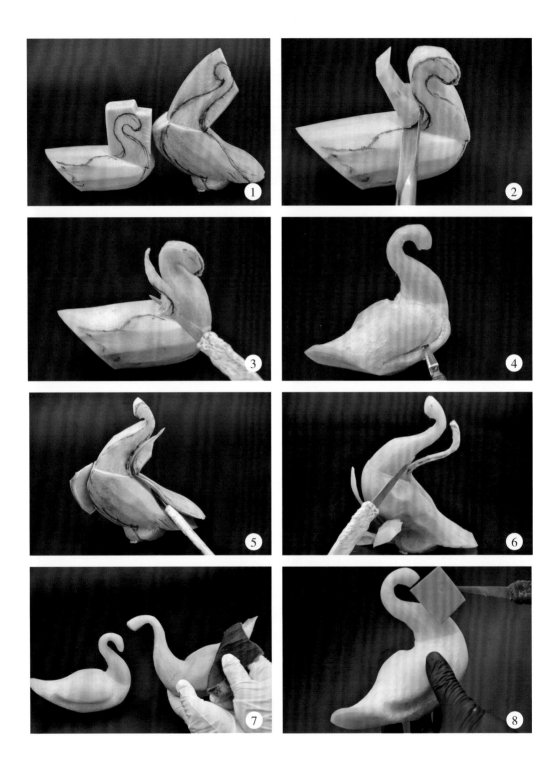

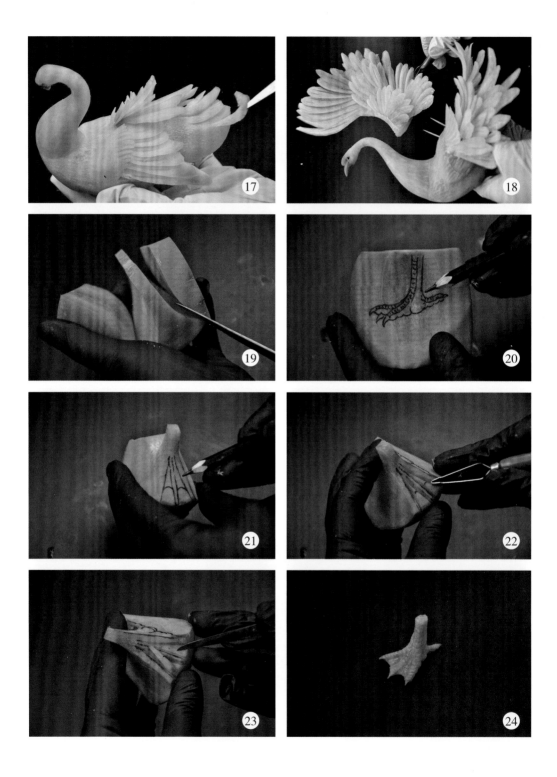

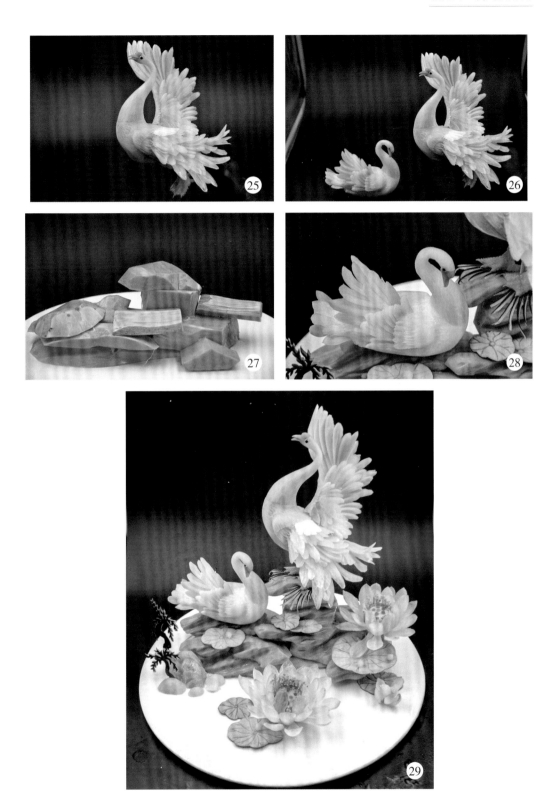

2.创新组合运用

运用所雕刻的元素，搭配不同的装饰摆件，尝试拼摆出不同的盘饰造型。

四、任务评价

按照评价指标及分值，采取学生自评、小组互评、教师评价等形式，总结和反思工作任务完成情况。

雕刻项目完成情况评分标准

评价项目		评价标准	得分
工作过程	工作态度	态度端正、工作认真、主动学习，穿戴整洁规范	
	职业素质	能按照食品卫生规范要求开展任务，注重安全卫生与原料节约，与小组成员之间能合作交流，共同提高效率	
	工作质量	能准确掌握天鹅组合雕刻技法，成品灵动、线条流畅，整体要求比例协调	
	创新意识	了解婚宴意义，并拼摆有创意的婚宴主题展台	
项目成果	工作效率	能按时完成学习任务	
	成果展示	能准确表达、汇报工作结果	
最终平均得分			

课后拓展

收集天鹅的相关资料，并思考如何设计雕刻。

任务 6.3　仙鹤雕刻制作

一、工作任务发布

某酒店承担了寿宴接待任务，拟制作主桌展台"仙鹤祝寿"（如下图），为突出主题，要为宴席展台设计方案并制作作品，请你帮助酒店食品雕刻师完成该工作。

仙鹤小知识
仙鹤原型为丹顶鹤，中国古籍中对仙鹤有许多称谓，如《尔雅翼》中称其为"仙禽"，《本草纲目》中称其为"胎禽"。丹顶鹤因体态优雅、颜色分明，在中华传统文化中是吉祥、忠贞、长寿的象征，是我国国家一级保护动物。

续表

仙鹤小知识

丹顶鹤身长 120 ～ 150 厘米, 翅膀打开约 200 厘米, 丹顶鹤有三长——嘴长、颈长、腿长。嘴为橄榄绿色。成鸟除颈部和飞羽后端为黑色外, 全身洁白, 头顶皮肤裸露, 呈鲜红色, 长而弯曲的黑色飞羽呈弓状, 覆盖在白色尾羽上, 特别是裸露的朱红色头顶, 好像一顶小红帽, 因此得名。喉、颊和颈为暗褐色。幼鸟体羽棕黄, 喙黄色。亚成体羽色黯淡, 2 岁后头顶裸区红色越发鲜艳。食物主要是浅水的鱼虾、软体动物和某些植物根茎。栖息在湖泊河流边的浅水中, 芦苇荡的沼泽地区, 或水草繁茂的有水湿地。通常栖息地有较高的芦苇等挺水植物, 利于其隐蔽。

丹顶鹤雌雄配对后即为终身伴侣, 常在四周环水的芦苇茬地上营巢, 因此也是爱情长长久久的象征。

二、工作任务分析

【关键知识点】

（1）了解仙鹤的文化寓意, 掌握仙鹤的基本形态、动态和生活习性。

（2）掌握仙鹤祝寿（组合雕刻）的雕刻、组合方法。

（3）整体造型的比例协调、高低错落有致。

【关键技能点】

（1）仙鹤、寿桃、假山、松树的合理搭配。

（2）成品比例大小要协调、颜色搭配要合理。

（3）构图清晰，重心稳定，要与现实贴近（造型可多变，可自主创意）。

三、任务实施

（一）课前导学

了解本学习任务，需要掌握寿宴主题展台的素材和原则，请先通过教材阅读、网络搜索、图书借阅等方式收集寿宴展台的相关案例和图片。

引导问题

　　1. 寿宴组合一般包括哪些元素?

　　2. 寿宴雕刻作品还可以有哪些更好的创意?

（二）课中学习

【课堂准备】

着厨师装，检查操作台面卫生。

【原料准备】

胡萝卜、青萝卜、白萝卜、心里美萝卜、冬瓜皮、茄子。

【工具准备】

砧板、毛巾、构图笔、圆碟、主刀、大切刀、U形戳刀、砂纸、拉刻刀、502胶水。

1. 雕刻步骤

【雕刻头部、身体】

①取白萝卜从中间斜 45° 下刀，切出两块大小相等的斜段。

②取一竖段切三刀，中间较厚，留做鹤身，两侧较薄，留做翅膀。

③用构图笔在萝卜上画出鹤身外轮廓，切出身体大致轮廓，修整成型并用砂纸打磨光滑。

④在鹤头切出一块三角形缺口，粘接胡萝卜雕刻出的鹤嘴、鹤顶。

⑤用茄子雕刻尾部并粘接上，完成身体部分。

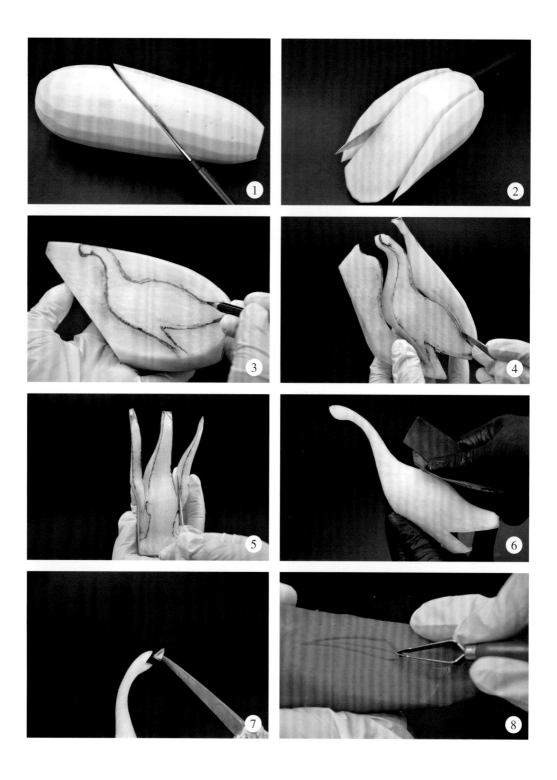

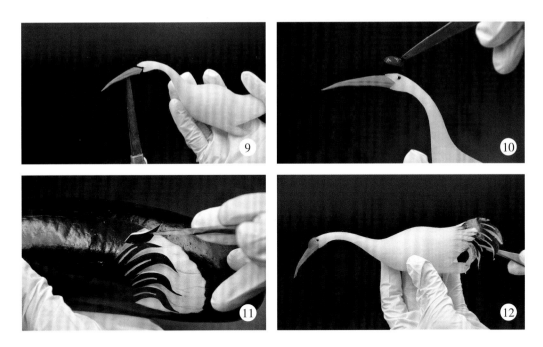

【雕刻翅膀】

①预留做翅膀的材料先用构图笔画出翅膀轮廓，再雕刻出两个飞翔形态的翅膀，取出大致形状，并用中号 U 形戳刀依次戳出初羽、复羽、飞羽。

②用茄子雕刻 4 片羽毛，粘接在翅膀与身体衔接部位处，修整翅膀内侧，完成翅膀雕刻。

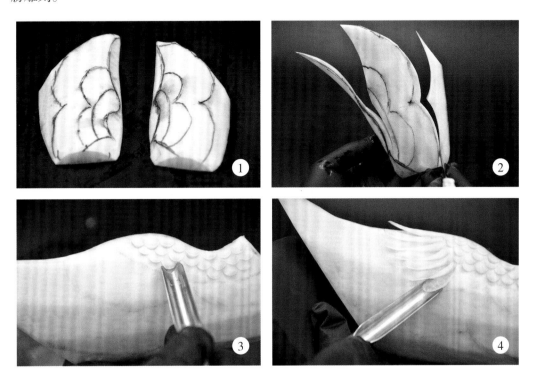

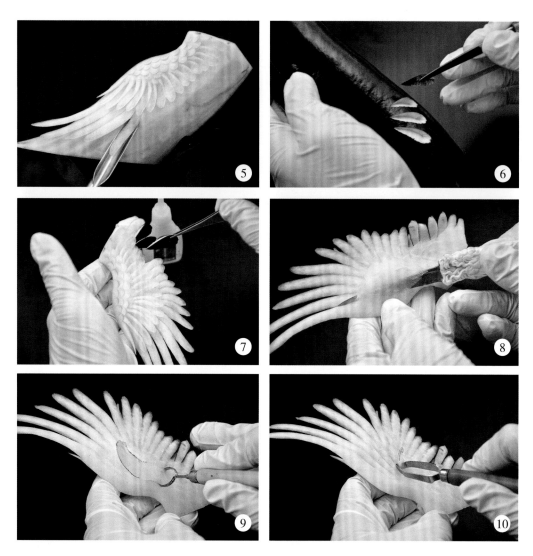

【雕刻爪子】

用胡萝卜雕刻出两只仙鹤脚。最后组合成一只完整的仙鹤。

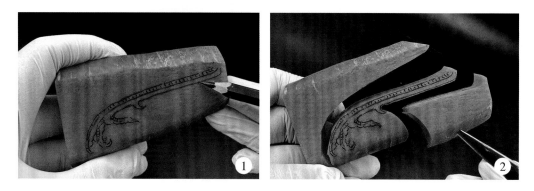

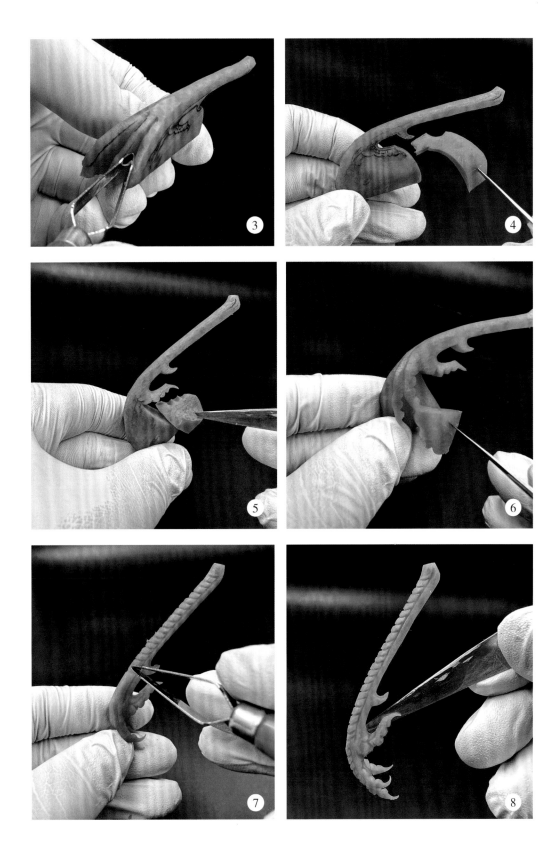

【雕刻寿桃】

用青萝卜雕刻出桃叶，心里美萝卜雕刻出寿桃。

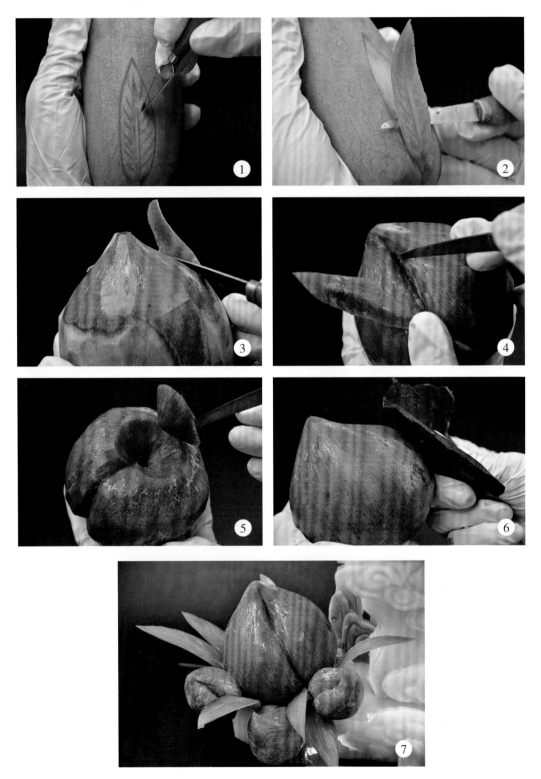

【雕刻祥云】

将用冬瓜皮雕刻出的松树，青萝卜雕刻的假山，以及仙鹤、祥云组合成一个完整的作品。

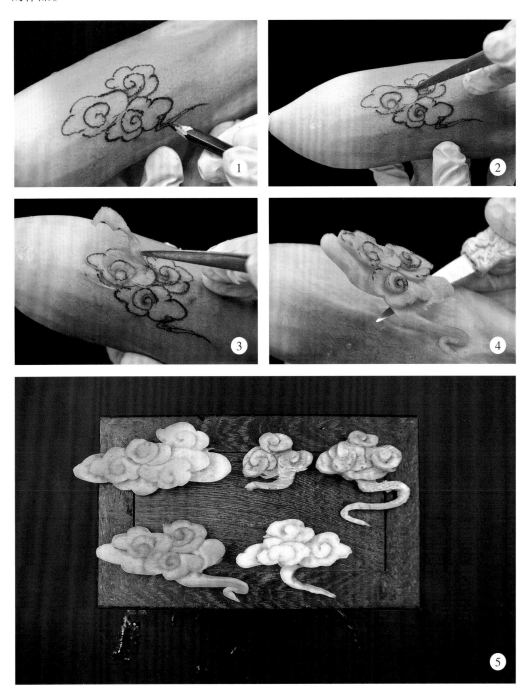

【组合成型】

把仙鹤、松树、假山全部组合成一个完整的作品。

2. 创新组合运用

运用所雕刻的元素，搭配不同的装饰摆件，尝试拼摆出不同的盘饰造型。

四、任务评价

按照评价指标及分值，采取学生自评、小组互评、教师评价等形式，总结和反思工作任务完成情况。

雕刻项目完成情况评分标准

评价项目		评价标准	得分
工作过程	工作态度	态度端正、工作认真、主动学习，穿戴整洁规范	
	职业素质	能按照食品卫生规范要求开展任务，注重安全卫生与原料节约，与小组成员之间能合作交流，共同提高效率	
	工作质量	能准确掌握寿宴仙鹤组合雕刻技法，雕刻出的仙鹤灵动、松树苍劲有力、祥云流畅、寿桃饱满、整体要求比例协调	
	创新意识	能了解寿宴，并拼摆有创意的寿宴主题展台	
项目成果	工作效率	能按时完成学习任务	
	成果展示	能准确表达、汇报工作结果	
最终平均得分			

拓展思考

收集仙鹤相关资料，并思考如何设计雕刻。

任务 6.4 锦鸡雕刻制作

一、工作任务发布

某酒店承担了升学宴接待任务，拟制作主桌展台"前程似锦"（如下图），为突出主题，要为宴席展台设计方案并制作作品，请你帮助酒店食品雕刻师完成该工作。

二、工作任务分析

锦鸡小知识

红腹锦鸡为中国特有，主要分布在甘肃和陕西南部的秦岭地区。雄鸟羽色华丽，头具金黄色丝状羽冠，上体除上背浓绿色外，其余为金黄色，后颈披有橙棕色且缀有黑边的扇状羽，形成披肩状。下体深红色，尾羽比较长，中央一对尾羽黑褐色，满缀且黄色斑点；外侧尾羽黄色且具黑褐色波状斜纹；最外侧 3 对尾羽栗褐色且具黑褐色斜纹。脚黄色，全身羽毛颜色互相衬托，赤橙黄绿青蓝紫俱全，光彩夺目，是驰名中外的观赏鸟类。

续表

锦鸡小知识
红腹锦鸡自古以来深受人们喜爱，将其作为吉祥、好运、喜庆、福气、美丽、高贵的象征。"金鸡报晓""前程似锦""锦上添花"等均是中国传统艺术中常见的题材。 　　在食品雕刻中，锦鸡的头、尾部是雕刻的重点和难点。雕刻头部羽冠时可以借鉴鸳鸯鸟羽冠的雕刻方法。另外，锦鸡的披肩羽是其重要特征，雕刻时要注意和一般羽毛的形状相区别。锦鸡是长尾巴，长度一般是其身体的两倍。

【关键知识点】

（1）了解锦鸡的传统寓意。

（2）熟悉锦鸡的形态特征、翅膀、尾巴等结构。

（3）结合传统国画花鸟图谱设计制作"前程似锦"雕刻作品。

【关键技能点】

（1）锦鸡各个部位比例恰当，特征突出。

（2）锦鸡形态生动、逼真。

（3）雕刻刀法熟练、准确，作品刀痕少。

（4）可以采用组合雕的方式进行雕刻。尾巴、腿爪和翅膀可以分别单独雕刻好，然后再组合成型。

三、任务实施

（一）课前导学

　　了解本学习任务，需要掌握升学宴主题展台的素材和原则，请先通过教材阅读、网络搜索、图书借阅等方式收集展台的相关案例和图片。

引导问题

　　1.升学宴组合一般包括哪些元素？

　　2.锦鸡雕刻作品还可以做哪些主题展台？

（二）课中学习

【课堂准备】

着厨师装，检查操作台面卫生。

【原料准备】

南瓜、胡萝卜、黄小米、心里美萝卜。

【工具准备】

砧板、毛巾、构图笔、方碟、主刀、O形拉刻刀、U形拉刻刀、U型戳刀、502胶水。

1. 雕刻步骤

【雕刻锦鸡头部】

①取一块南瓜，把一端切成斧棱形，并在原料上用构图笔画出锦鸡头颈部分的大型。

②从鸡嘴开始下刀雕刻出锦鸡头、颈、背部的整体外形轮廓。

③雕刻出尖形的鸡嘴，用主刀斜刻去掉棱角。

④戳出鸡嘴的嘴角线，并雕刻出锦鸡的脖颈。

⑤确定锦鸡的眼睛和披肩扇状羽的位置，用构图笔画图并雕刻出来。

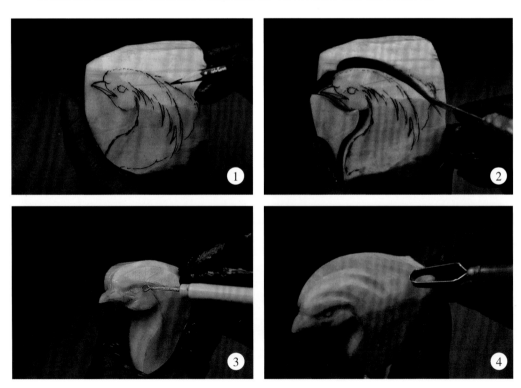

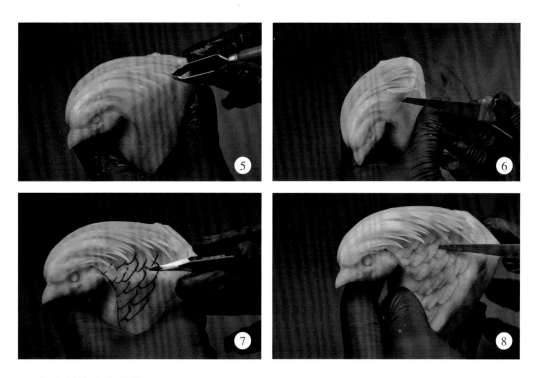

【雕刻锦鸡身体】

①把锦鸡的头雕刻好后，用 502 胶水粘在选好的原料上。根据头的大小确定锦鸡躯干的大小。

②雕刻出锦鸡的尾上覆羽，并安装在锦鸡躯干后。

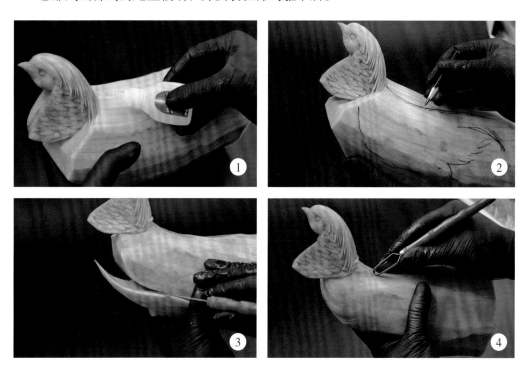

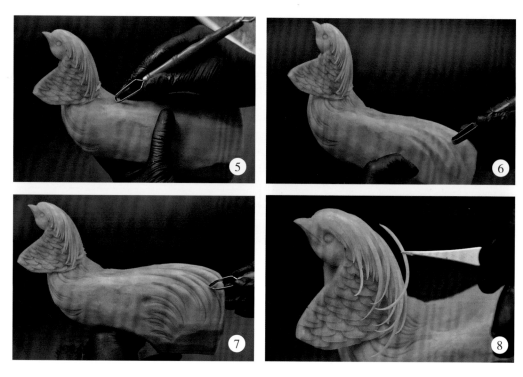

【雕刻锦鸡翅膀】

用构图笔画出翅膀，按照画线雕刻锦鸡的翅膀。

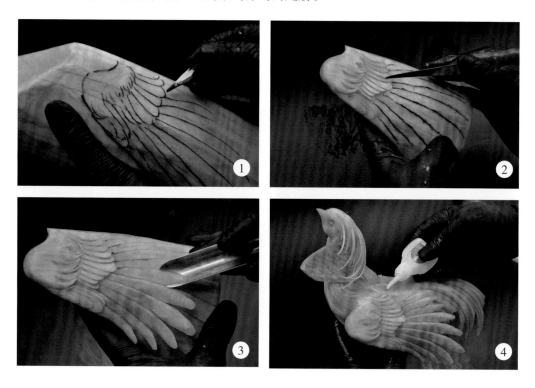

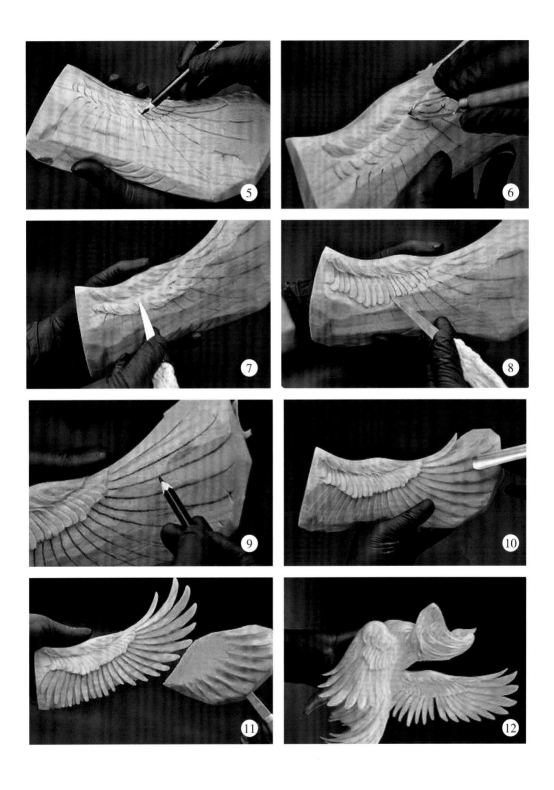

【雕刻锦鸡尾巴】

用构图笔画出尾巴，按照画线雕刻锦鸡的尾巴。

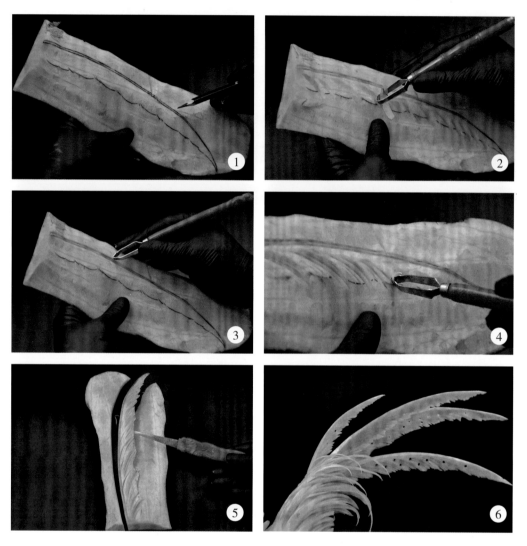

【雕刻锦鸡爪子】

用构图笔画出爪子，按照画线雕刻锦鸡的爪子。

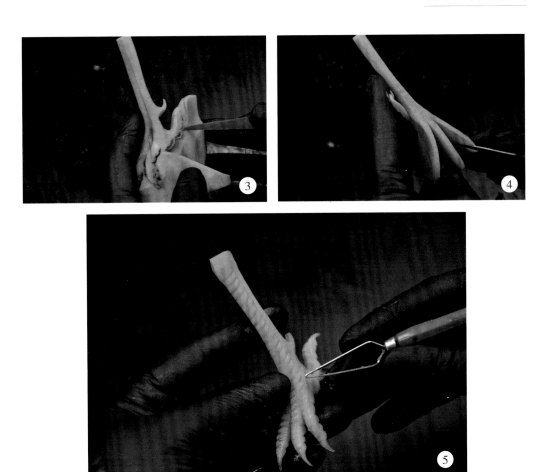

【作品组合】

　　将雕刻好并修整成形的锦鸡各部位组合成一只完整的锦鸡，与其他雕刻好的装饰物组合，形成一个完整的雕刻作品。

2. 创新组合运用

运用所雕刻的元素，搭配不同的装饰摆件，尝试拼摆出不同的盘饰造型。

四、任务评价

按照评价指标及分值，采取学生自评、小组互评、教师评价等形式，总结和反思工作任务完成情况。

雕刻项目完成情况评分标准

评价项目		评价标准	得分
工作过程	工作态度	态度端正、工作认真、主动学习，穿戴整洁规范	
	职业素质	能按照食品卫生规范要求开展任务，注重安全卫生与原料减少浪费，与小组成员之间能合作交流，共同提高效率	
	工作质量	能准确掌握锦鸡组合雕刻技法，雕刻的锦鸡身形灵动，色彩艳丽、刀工精细、纹路清晰、无明显刀痕，整体成品要求比例协调	
	创新意识	能了解锦鸡的动态和形态，并拼摆有创意的锦鸡主题展台	
项目成果	工作效率	能按时完成学习任务	
	成果展示	能准确表达、汇报工作结果	
最终平均得分			

课后拓展

收集锦鸡相关视频和图片，并思考如何设计雕刻。

任务 6.5 凤凰雕刻制作

一、工作任务发布

酒店为接待一位重要女性嘉宾举办晚宴，拟制作主桌以凤凰为主题的展台——"有凤来仪"（如下图），要为宴席展台设计方案并制作作品，请你帮助酒店食品雕刻师完成该工作。

二、工作任务分析

凤凰小知识
凤凰是中国古代传说中的神鸟，是百鸟之王，是集合了多种动物特征于一体的想象性的动物。凤凰有祥瑞、长寿、爱情忠贞等寓意。据《尔雅·释鸟》所记载，中国的凤凰形体为"鸡头、蛇颈、燕颔，龟背、鱼尾、五彩色，高六尺许"。

续表

凤凰小知识
在中国文化中，凤凰形象不仅表示自然之"和"，也表示社会之"和"。凤凰"五色"被看成古代社会和谐安定的"德、义、礼、仁、信"的象征。 

【关键知识点】

（1）了解凤凰的传统寓意。

（2）了解凤凰的突出特征：鸡头、燕颔、蛇颈、龟背、鱼尾、五彩色。

（3）结合中华传统文化凤凰图谱造型设计制作作品。

【关键技能点】

（1）凤凰各个部位比例恰当。

（2）雕刻凤凰形态生动、逼真。

（3）雕刻刀法熟练、准确，作品刀痕少。

三、任务实施

（一）课前导学

了解本学习任务，需要掌握宴会主题展台的素材和原则，请先通过教材阅读、网络搜索、图书借阅等方式收集展台的相关案例和图片。

引导问题

凤凰雕刻作品还可以做哪些主题展台？

（二）课中学习

【课堂准备】

着厨师装，检查操作台面卫生。

【原料准备】

南瓜、胡萝卜、青萝卜、白萝卜、心里美萝卜。

【工具准备】

砧板、毛巾、构图笔、圆碟、主刀、拉刻刀、镊子、U型戳刀、仿真眼、502胶水。

1. 雕刻步骤

【雕刻凤凰头部】

①取一块南瓜，把一端切成斧棱形，并在原料上画出凤凰头颈部分的大致轮廓。

②从嘴处开始下刀雕刻出头、颈部的外形轮廓。

③雕刻出尖形的凤嘴，用主刀斜刻去掉棱角，戳出凤嘴的嘴角线，并雕刻出凤坠。

④雕刻凤冠和颈部羽毛粘贴到凤头上去。

⑤确定凤凰眼睛和披肩扇状羽的位置，并雕刻出来。

【雕刻凤凰的躯干部分】

①把凤凰头雕刻好后，粘贴在选好的原料上，根据头的大小确定躯干的线条。

②雕刻出的翅膀上覆羽，并安装在凤凰躯干上。

③雕刻尾巴和腿爪，将雕刻好的尾部和腿爪安装在凤凰躯干上。

【作品组合】

把雕刻好的凤凰各部位组合在一起，与底座组合成一个完整的展台雕刻作品。

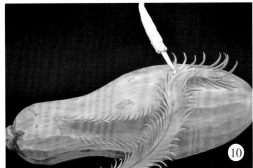

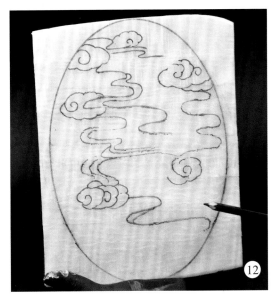

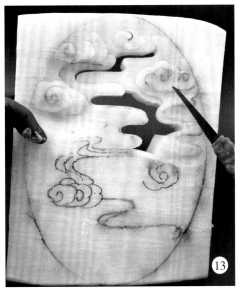

2. 创新组合运用

运用所雕刻的元素，搭配不同的装饰摆件，尝试拼摆出不同的盘饰造型。

四、任务评价

按照评价指标及分值，采取学生自评、小组互评、教师评价等形式，总结和反思工作任务完成情况。

雕刻项目完成情况评分标准

评价项目		评价标准	得分
工作过程	工作态度	态度端正、工作认真、主动学习，穿戴整洁规范	
	职业素质	能按照食品卫生规范要求开展任务，注重安全卫生与原料节约，与小组成员之间能合作交流，共同提高效率	
	工作质量	能准确掌握凤凰元素组合雕刻技法，刀工精细、造型逼真、比例协调、重心稳定、主题鲜明	
	创新意识	能了解凤凰的动态和形态，拼摆有创意的凤凰主题展台	
项目成果	工作效率	能按时完成学习任务	
	成果展示	能准确表达、汇报工作结果	
最终平均得分			

课后拓展

　　收集各种石雕、木雕、玉雕等造型的凤凰图片视频参考学习，并思考如何提升作品质量。

附录

课 程 拓 展

项目导读

　　此项目是果蔬雕刻以外的其他装饰方式，以鉴赏为主，目的是开阔同学们的眼界，使同学们对糖艺、面塑、果酱画、精品果蔬雕刻等有更多的了解。

　　根据不同的原料使用雕塑、揉捏、绘画等手段制作的雕刻点缀装饰，他们之间不仅是原料的不同，还有使用工具和手法都相差很大，这样才能满足餐饮业菜品不同层次和款式的装饰要求。

　　项目中的雕刻作品形式多样、色彩丰富，有的小巧精致、生动有趣，有的大型作品常用于宴席展台。任务内容形式多样、灵活组合，能激发同学们自主创新的兴趣，往更高的层次提升艺术造诣。

　　只要了解并掌握了项目一至六的雕刻方法和技法关键点、打下坚固的雕刻技术基础，糖艺、面塑、果酱画等技术就能迅速上手，灵活创作作品，设计创新出属于自己风格的作品。

项 目 目 标

知识目标

1. 了解掌握糖艺、面塑、果酱画原材料的性质、质地、使用方法。
2. 对糖艺、面塑、果酱画等使用的工具、操作手法熟知。

能力目标

1. 通过鉴赏和学习能对菜肴艺术造型、色彩搭配、器皿选择有更好的理解和运用。
2. 能独立设计制作属于自己特色风格的作品。

思政目标 1.勤于思考，培养多角度、全方位分析问题的能力。

2.树立吃苦耐劳、勇于探索、敢于创新的精神。

3.善于与人沟通和交流，善于总结经验。

1. 果蔬雕刻与菜肴融合

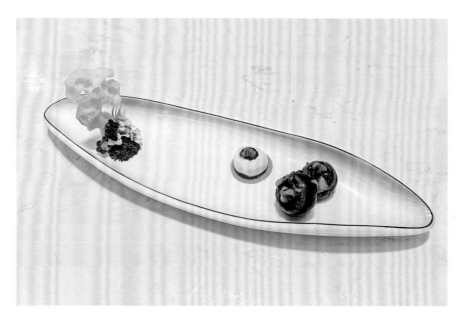

2. 实用小型菜肴盘饰

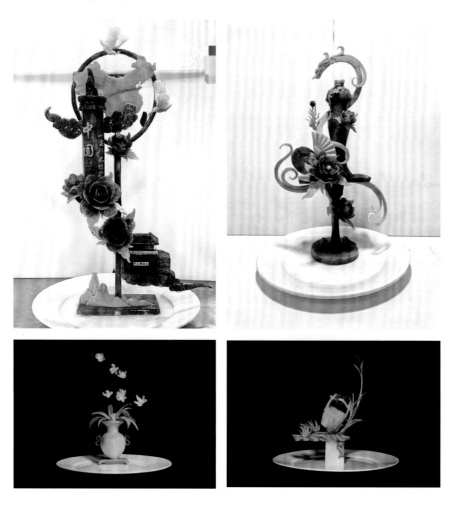

3. 立体雕刻

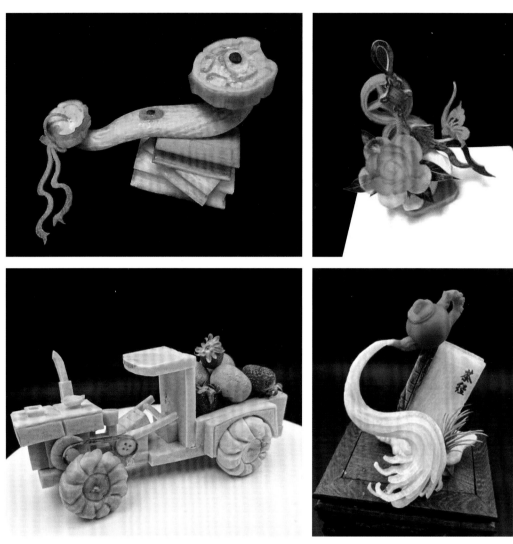

4. 水果雕切

5. 中医四大名著

6. 泡沫雕刻

泡沫雕刻是一种利用泡沫材料进行雕刻的艺术表现形式。泡沫材料是一种由聚苯乙烯或聚氨酯等材料制成的泡沫板，通常使用刀具、热切割工具或手工切割工具等进行雕刻，可以制作出各种形状和大小的雕塑作品。泡沫雕塑产品具有重量轻、价格低、制作周期短等优点。广泛应用于展览场所，户外广告，商业空间布置，婚庆布置，商场大型购物中心，文化广场，节庆装饰，品牌推广视觉形象，圣诞场所布景，娱乐场所布景，影视模型道具，庭院景观以及室内外浮雕壁画等。也可以根据要求定制大型工艺品，主题公园餐厅建筑，小区景观以及原有建筑物的装饰。泡沫雕刻在餐饮业的餐厅、宴席、美食节等装饰中被广泛应用。

7.面塑

面塑，也叫捏面人，是一种以面粉为主要原料，经过加工和塑形而成的传统民间手工艺品。

面塑起源于汉代，当时人们用面捏成各种形状的动物和人物，以供祭祀和娱乐之用。随着时间的推移，面塑逐渐成为一种民间传统艺术形式，在中国各地广泛流传。

制作过程主要包括和面、调色、塑形、晾干和上色等步骤。制作面塑需要掌握一定的技巧和积累一定的经验，需要经过长时间的练习和实践。面塑的题材非常广泛，可以是人物、动物、花卉、神话传说等各种形象。作品通常色彩鲜艳、形象生动、富有立体感，具有很高的艺术价值和观赏价值。

面塑不仅是一种民间手工艺品，也是一种传统文化的载体，它承载着人们对生活的热爱，对美好未来的向往和对中华民族传统文化的传承与弘扬。

8. 糖艺

糖艺在中国有着悠久的历史。在古代，糖艺被称为"糖活儿"，是宫廷里的点心之一。随着时代的发展，糖艺已经成为一门独特的艺术形式，受到了越来越多人的喜爱和关注。

糖艺是一门融合了创意、技巧的独特艺术表现形式，是将砂糖、葡萄糖或饴糖等经过配比、熬制、拉糖、吹糖等造型方法加工处理，制作出具有观赏性、可食性和艺术性的独立食品或食品装饰插件的加工工艺。

糖艺制作过程需要一定的技巧和创造力。通过熔化糖料、拉制、吹制、塑造等手法，将糖料变成各种形状，如花朵、动物、人物等，同时还可以添加食用色素进行上色，使作品更加生动、美观。

糖艺在国内外都有一定的发展和应用。在发达国家和高级酒店，糖艺制品和巧克力插件制品的制作已经发展到一定水平，成为西点装饰品中最完美的组合之一。作品不仅可以用于装饰蛋糕、甜点等食品，还可以作为独立的艺术品展示，给人们带来视觉和味觉的双重享受。

9. 果酱画

果酱画是一种用食用果酱在平面上作画的艺术表现形式。通常使用刷子或其他工具将果酱涂抹在平碟上，以制作出各种图案和设计。具有色彩形式多样、方便快捷、成本低廉、可塑性强等优点，广泛用于酒店菜肴装饰，深受厨师的喜欢。

果酱画的历史可以追溯到古代，当时人们使用天然颜料和植物汁液在画布上作画。现代的果酱画通常使用各种可食用材料，如果酱、巧克力、蜂蜜、糖霜等，以创造出各式各样的颜色和纹理。

果酱画可以作为一种有趣的艺术形式，也可以作为一种美食艺术。因其画作可以食用，常用于装饰蛋糕、甜点、菜肴和其他食品，也可以作为艺术品展示。